Abdelaziz HADDAD

Papilomavírus e a proteína p53

Abdelaziz HADDAD

Papilomavírus e a proteína p53

O papilomavírus humano (HPV) é uma das infecções sexualmente transmissíveis mais comuns.

ScienciaScripts

Imprint

Any brand names and product names mentioned in this book are subject to trademark, brand or patent protection and are trademarks or registered trademarks of their respective holders. The use of brand names, product names, common names, trade names, product descriptions etc. even without a particular marking in this work is in no way to be construed to mean that such names may be regarded as unrestricted in respect of trademark and brand protection legislation and could thus be used by anyone.

Cover image: www.ingimage.com

This book is a translation from the original published under ISBN 978-620-6-71979-3.

Publisher:
Sciencia Scripts
is a trademark of
Dodo Books Indian Ocean Ltd. and OmniScriptum S.R.L publishing group

120 High Road, East Finchley, London, N2 9ED, United Kingdom
Str. Armeneasca 28/1, office 1, Chisinau MD-2012, Republic of Moldova, Europe
Printed at: see last page
ISBN: 978-620-7-98755-9

RESUMO

Os papilomavírus humanos (HPV) são uma das infecções sexualmente transmissíveis mais frequentes: cerca de 70 a 80% da população sexualmente ativa entrará em contacto com estes vírus durante a sua vida sexual. Existem diferentes tipos de vírus HPV. Certos tipos de vírus provocam condilomas (estirpes HPV-6 e 11), também conhecidos como verrugas genitais ou cristas de galo. Estas verrugas, isoladas ou em grupo, desenvolvem-se geralmente na zona ano-genital (ânus, períneo, pénis, vulva) e são extremamente contagiosas. Outros tipos de HPV (HPV-16 e 18) provocam lesões pré-cancerosas e podem levar a cancros do colo do útero, da vulva, do ânus, do pénis e da garganta. No entanto, existem vacinas que protegem todas as pessoas contra certos tipos de HPV. Descoberta em 1979, liga-se ao ADN e promove a expressão de genes que reparam os danos celulares. A proteína p53 controla o ciclo celular e interage com dezenas de genes. A oncogénese viral é um processo com várias fases que depende em grande parte da interação complexa entre os vírus e os factores do hospedeiro. Os oncovírus são capazes de subverter a maquinaria de sinalização celular e as vias metabólicas, explorando-as para a infeção, a replicação e a persistência. Várias oncoproteínas virais são capazes de inativar funcionalmente o supressor de tumores p53, provocando uma expressão desregulada de numerosos genes orquestrados pelo p53, como os envolvidos na apoptose, na estabilidade do ADN e na proliferação celular. Assim, quando a célula é danificada, em função da gravidade da situação, a ativação da proteína p53 pode ter como objetivo: controlar o crescimento celular: a p53 pode bloquear o crescimento celular e favorecer a reparação celular, ou induzir o suicídio celular (morte celular programada ou apoptose), para evitar que a célula se transforme em célula tumoral.

DEDICAÇÃO

Dedico este trabalho

Aos meus pais, que nos apoiaram e encorajaram ao longo destes anos de estudo. Gostaria de lhes exprimir a minha mais profunda gratidão.

Aos meus irmãos, aos meus avós e a todos aqueles que partilharam tantos momentos comigo

Gostaria de agradecer a todas as pessoas que se emocionaram durante a produção deste trabalho e que me apoiaram e encorajaram calorosamente ao longo de todo o processo.

À minha família, aos meus entes queridos e àqueles que nos dão amor e vitalidade.

A todos os meus amigos que sempre me encorajaram E a todos aqueles que me amam

Obrigado por tudo

AGRADECIMENTOS

Em primeiro lugar, gostaria de agradecer a DEUS, omnipotente e misericordioso, que me ajudou e que me deu a paciência e a coragem durante estes dois anos de estudo e a força para realizar esta tarefa formidável.

Gostaria de expressar o meu respeito pela minha orientadora de tese, a Professora SALIHA CHBICHEB, pelo seu apoio, conselhos inestimáveis e encorajamento. Ela foi capaz de me orientar na construção e na redação do meu trabalho académico. Também pela amabilidade e paciência que demonstrou durante o meu trabalho e pela ajuda e tempo que dedicou a este projeto de fim de curso.

apesar das suas muitas responsabilidades.

Gostaria de agradecer aos membros do júri a honra que me concederam ao aceitarem julgar este trabalho. Aceitem, por favor, a expressão da minha profunda e respeitosa gratidão.

Gostaria também de agradecer aos meus pais pelo apoio incondicional que me deram desde que iniciei o meu percurso profissional. Obrigado pelo apoio financeiro e moral, psicológico e material. Se estou aqui hoje, é graças a vós.

Gostaria de agradecer aos meus amigos e colegas de curso pela sua presença ao longo destes dois anos de estudo. O seu apoio durante a redação desta dissertação, as suas críticas e a sua revisão foram inestimáveis.

ÍNDICE DE CONTEÚDOS

INTRODUÇÃO

O termo papilomavírus deriva das duas palavras latinas "papilla", que significa "borbulha, mamilo", e "oma", que significa "tumor" no seu conjunto. Até ao final do século XIX, as verrugas eram descritas e suspeitava-se do seu carácter contagioso, mas a sua origem ainda não tinha sido estabelecida. Em 1907, um médico italiano chamado Giuseppe Ciuffo demonstrou pela primeira vez a origem viral das verrugas humanas através da hetero-inoculação de um ultrafiltrado de uma verruga. O HPV foi descrito pela primeira vez na microcopia eletrónica por Strauss et al em 1949.

Os papilomavírus humanos são vírus pertencentes à família Papillomaviridae(1). Até à data, dos pouco mais de 200 genótipos de papilomavírus humano identificados, 120 foram completamente sequenciados, designados por números de acordo com a sua ordem cronológica histórica de descoberta (HPV 1 a HPV 120) (2).

De acordo com a Organização Mundial de Saúde (OMS), os vírus do papiloma humano (HPV) são responsáveis por uma vasta gama de doenças, incluindo lesões pré-cancerosas do colo do útero que podem evoluir para cancro, causando grandes problemas de saúde pública em todo o mundo (1).

O papilomavírus humano (HPV) é a infeção viral mais comum do sistema reprodutor. A maioria dos homens e mulheres sexualmente activos serão infectados em algum momento das suas vidas, e alguns podem ser infectados mais do que uma vez. O período crítico de infeção, tanto para homens como para mulheres, é logo no início da atividade sexual. O HPV é transmitido durante as relações sexuais, mesmo que não haja penetração. O contacto genital pele a pele é um modo de transmissão bem conhecido (3). A infeção por HPV é a infeção sexualmente transmissível mais comum no mundo (4, 5). 75% das mulheres terão estado em contacto com este vírus durante a sua vida sexual. (6).

A prevalência varia consoante as regiões do mundo, com uma taxa máxima de 26% em África e uma taxa mínima de 8% na Ásia (7). Certos tipos de papilomavírus humano (HPV) são prováveis agentes etiológicos do cancro e dos seus precursores. A infeção viral e a expressão de certos genes virais parecem ser factores necessários, mas não suficientes, para a transformação dos tumores. Os progressos da biologia molecular estão a esclarecer os mecanismos pelos quais estes vírus contribuem para o desenvolvimento do cancro. Apenas as oncoproteínas E6-E7 dos papilomavírus de alto risco (HPV 16-18) se ligam especificamente e com grande afinidade às proteínas p53 e pRb. Esta ligação interrompe o ciclo celular e conduz à instabilidade cromossómica. Este evento é provavelmente o ponto de partida para a integração do ADN viral no genoma da célula hospedeira. Estas alterações biológicas, em relação com os fenómenos morfológicos e os aspectos colposcópicos da displasia, parecem ser etapas muito importantes na progressão do tumor (8).

A proteína p53 foi descoberta em 1979 por Linzer e Levine (9). Em 1989, Baker (10) salientou o seu papel anti-oncogénico. Entre 1993 e 1996, foram publicados mais de 4300 trabalhos de investigação sobre esta proteína. O seu papel preponderante no controlo do ciclo celular e na proteção contra a proliferação em resposta ao stress genotóxico valeu-lhe a alcunha de "guardiã do genoma" ou "supressora de tumores". Está quase certamente envolvida na regulação do ciclo celular. In vivo, a p53 é capaz de se associar a várias proteínas virais e celulares. A proteína p53 é um importante fator de transcrição na proteção do genoma. Comummmente designada por "supressora de tumores" e "guardiã do genoma", esta proteína é capaz de ativar e reprimir genes envolvidos em processos biológicos importantes. p53 é um dos marcadores mais estudados em oncologia. A p53 é uma das chaves da regulação celular sob stress genotóxico e a sua resposta pode assumir a forma de apoptose, senescência ou paragem do ciclo celular, através da ativação de enzimas de reparação do ADN. Por estas razões, a sua alteração conduz a um possível passo para a carcinogénese. O diagnóstico pode ser efectuado por biópsia, procurando coilócitos, células específicas da infeção pelo HPV, representadas por um queratinócito infetado, uma célula grande, redonda, vacuolada, clara, com um núcleo central, frequentemente picnótico. É frequente haver disqueratose, que não é específica do HPV. O teste do HPV também pode ser efectuado através da pesquisa do ADN viral e da genotipagem (PCR, Southern-Blot, hibridação in situ) (11). Não existe cura para o HPV, mas certas estirpes do vírus podem ser vacinadas contra ele. A utilização regular de preservativos pode reduzir, mas não eliminar, o risco de contrair ou transmitir o HPV durante as relações sexuais.

I. PROPRIEDADES GERAIS

1. Classificação :

Originalmente agrupados na família Papovaviridae, os papilomavírus formam agora a família Papillomaviridae, que inclui um grande número de vírus que infectam especificamente várias espécies de mamíferos e aves. Até à data, dos pouco mais de 200 genótipos de papilomavírus humanos identificados, 120 foram completamente sequenciados, designados por números de acordo com a sua ordem cronológica histórica de descoberta (HPV 1 a HPV 120) (13).

Apesar da sua estrutura idêntica, o grau de homologia genómica entre os diferentes HPVs é de apenas 40% (14).

A classificação dos HPVs está correlacionada com o seu tropismo e patogenicidade. Os HPV são classificados de acordo com o seu tropismo tecidular (cutâneo ou mucoso) e o seu potencial oncogénico (baixo risco ou alto risco) (15).

⁜ Classificação do tropismo tecidular

É feita uma distinção entre os HPV com tropismo cutâneo e os HPV com tropismo mucoso. No entanto, alguns tipos de HPV podem pertencer a ambas as categorias (Quadro I).

Tabela I: Classificação do HPV de acordo com o tropismo

Tropismo	Tipos
Pele	1, 2, 4, 5, 8, 9, 12, 14, 15, 17, 19, 20, 21,
	22, 23, 25, 27, 36, 37, 38, 41, 47, 48, 49, 50,
	57, 60, 63,65, 75, 76, 80, 88, 92, 93, 95, 96
Mucosa	6, 11, 13, 16, 18, 26, 30, 31, 32, 33, 34,
	35, 39, 42,44, 45, 51, 52, 53, 54, 56, 58, 59,
	61, 62, 66, 67, 68, 69, 70, 71, 72, 73, 74, 81,
	82, 83, 84, 85, 86, 87, 89, 90
Misto	3, 7, 10, 28, 29, 40, 43, 78, 91, 94

⁜ Classificação com potencial oncogénico

Existem cerca de 40 tipos que infectam as membranas mucosas do corpo, como o epitélio do trato anogenital e oral. Destes, 12 genótipos são oficialmente reconhecidos como HR-HPV (alto risco oncogénico) com base na sua frequência de associação a tumores malignos: genótipos 16, 18, 31, 33, 35, 39, 45, 51, 52, 56, 58 e 59, de acordo com a última classificação publicada pela Agência Internacional para a Prevenção do Cancro da Organização Mundial de Saúde. Cancer Research Agency (IARC) da Organização Mundial de Saúde (17). Existem ainda 13 outros genótipos classificados como provavelmente cancerígenos (HPV-68) ou possivelmente cancerígenos (HPV-26, 30, 34, 53, 66),67, 69, 70, 73, 82, 85, 97). Os genótipos (6, 11, 42, 43, 44, 54, 61, 70, 72, 81) têm um baixo risco oncogénico (LR-VPH) e estão associados a lesões benignas da zona anogenital denominadas condiloma acuminado (verrugas genitais), papilomas da cavidade oral ou respiratória ou da conjuntiva e lesões intra-epiteliais escamosas de baixo grau (LSIL) do colo do útero (18-19).

Quadro II: Classificação dos HPV anogenitalmente trópicos de acordo com a sua potência oncogénica

Risco oncogénico elevado	16,18,31,33,35,39,45,51,52 ,56,58,59
Risco elevado provável	26,53,66,73,82
Baixo risco oncogénico	6,11,40,42,43,44,54,61,79,72

2. Estrutura e organização do genoma

Os vírus papilomavírus são vírus que pertencem à família Papillomaviridae(1).

Trata-se de pequenos vírus nus, com 45-55 nm de diâmetro, com um capsídeo cubicamente simétrico constituído por 72 capsómeros numa estrutura icosaédrica (figura 1). O seu genoma é constituído por uma molécula circular de ADN de cadeia dupla com cerca de 8000 pares de bases (figura 2), cujas sequências codificadoras de proteínas virais se encontram agrupadas numa única cadeia com diferentes quadros abertos de leitura (ORF) sobrepostos.Os HPV têm uma organização genética comum em três regiões (Figura 3): uma região reguladora não codificante LCR (Long Control Region) ou URR (Upstream Regulatory Region), uma região E (Early) que codifica proteínas reguladoras ou proteínas envolvidas na replicação do ADN (E1 a E7) e uma região L (Late) que codifica proteínas do capsídeo (L1 e L2) (21).

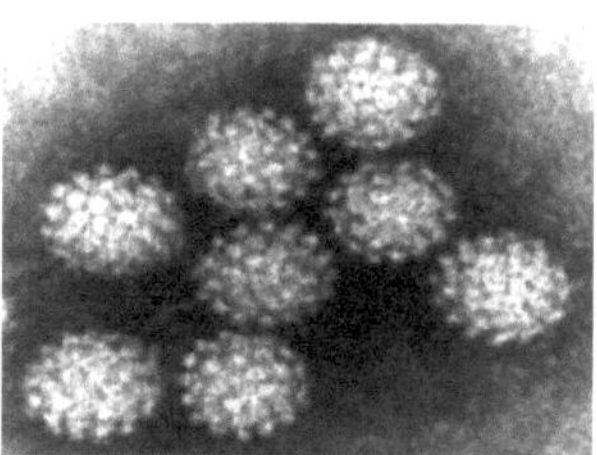

Figura 1: Estrutura do capsídeo viral dos papilomavírus utilizando um microscópio eletrónico

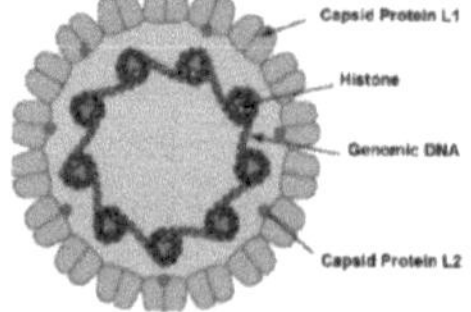

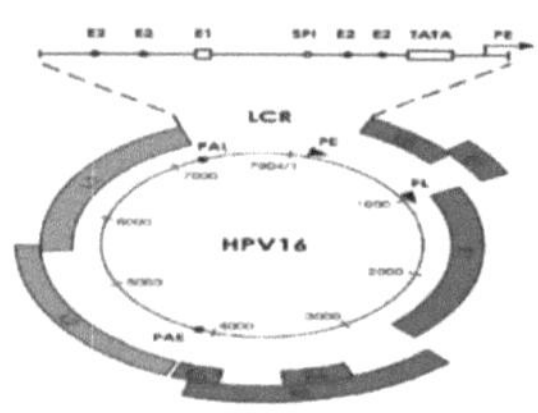

Figura 2: Estrutura do papilomavírus
PE: Promotor inicial ou p97 PL: Promotor tardio ou p670 PAE: Poliadenilação precoce PAL: Poliadenilação tardia
Figura 3: Organização do genoma do HPV16

Todos os HPVs têm uma organização genómica semelhante, que se divide em três regiões (Figura 4).

Uma região E inicial, que representa 45% do genoma, contém oito quadros de leitura aberta (E1 a E7) que codificam proteínas não estruturais conhecidas como proteínas funcionais. Estas estão envolvidas na replicação extra-cromossómica do genoma viral e na sua transcrição (E1, E2), na manutenção do genoma na forma epissomal (E2), na maturação das partículas virais e na desorganização do citoesqueleto (E4), nos processos de transformação celular (E5, E6 e E7) e na imortalização celular (E6 e E7).

Uma região de leitura L tardia: representa aproximadamente 40% do genoma e é composta por duas ORF (L1 e L2) que codificam proteínas estruturais do capsídeo expressas apenas em células bem diferenciadas durante infecções produtivas. Estas proteínas permitem a montagem final do vírus e a estabilização do capsídeo (24).

Uma região não codificante: LCR (long control region) ou URR (upstream regulatory region): corresponde aos restantes 15% do genoma, é muito variável e contém os promotores dos genes precoces, bem como sequências reguladoras da transcrição.

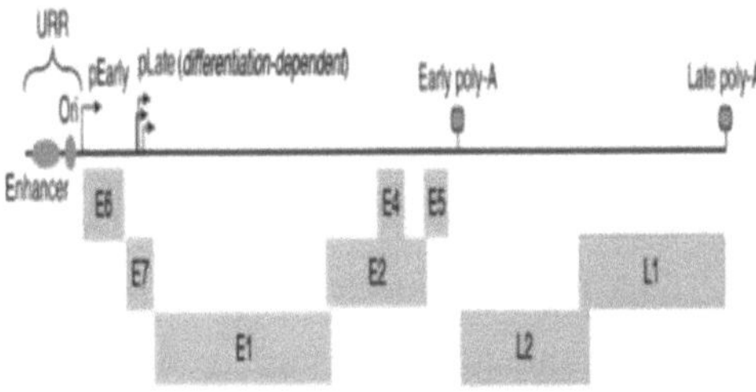

Figura 4: Organização genética dos Alphapapillomavirus

❖ **Proteínas virais precoces E (Early):**

A proteína E1 é necessária para a replicação do ADN viral. Composta por 600 a 650 aminoácidos (68 a 75 kDa), é a única enzima produzida pelo vírus. Tem uma função de helicase, uma atividade que separa as duas cadeias de ADN no local de origem da replicação, promovendo assim o estabelecimento de um complexo de iniciação da replicação, e uma atividade de ATPase, ambas essenciais para a replicação do ADN viral. O papel da E1 na replicação requer um acoplamento sinérgico com a proteína E2. De facto, a E1 não tem afinidade específica pelo ADN e é a sua associação com a proteína E2 que lhe permite, através da formação de heterodímeros E1-E2, ligar-se preferencialmente à origem da replicação para exercer a sua atividade de helicase. Uma mutação no sítio de ligação E1 (E1BS) ou mutações nas proteínas E1 e/ou E2 são acompanhadas por uma redução ou mesmo uma paragem da replicação viral. A proteína E2, composta por cerca de 400 aminoácidos (50 kDa), está envolvida tanto na replicação como na modulação da transcrição viral. Como já foi referido, a ativação da replicação requer uma interação sinérgica com a proteína E1. A proteína E2 também actua como fator inibitório trans, ligando-se a locais próximos da caixa TATA dos promotores HPV16 p97 e HPV18 p105, causando impedimento estérico no local de iniciação da transcrição e reprimindo assim a expressão das oncoproteínas E6 e E7. Desempenha também um papel regulador negativo na transformação celular e na apoptose. A proteína E3 só é produzida por HPVs muito raros e a sua função permanece desconhecida. A proteína E4, que é codificada por uma região altamente diversificada do genoma, é uma proteína citoplasmática que modifica a estrutura da queratina. A principal proteína E4 (17kDa) é traduzida a partir de um mRNA E1^E4. Embora codificada por um gene precoce, a E4 é expressa mais tarde e em abundância. A sua expressão ocorre aproximadamente ao mesmo tempo que a amplificação do genoma viral, precedendo assim a das proteínas tardias L1 e L2. A proteína E4 é então clivada em estruturas multiméricas que se ligam às citoqueratinas e promovem a destruição do citoesqueleto, particularmente nas camadas superficiais do epitélio infetado. Desta forma, a proteína E4 está envolvida na produção de partículas virais, facilitando a encapsidação do genoma e promovendo a difusão e libertação dos viriões acumulados através da destruição da rede de filamentos de citoqueratina.

A proteína E5 é uma pequena proteína hidrofóbica de 8 a 10 kDa, localizada nos sistemas endomembranares celulares. É uma das três oncoproteínas codificadas pelo vírus e é expressa na fase pré-cancerosa, mas geralmente não em lesões cancerosas. É principalmente expressa pelo HPV oncogénico ou pelo HR. As suas funções não são perfeitamente conhecidas. No entanto, pensa-se que está envolvida na replicação e transformação do ADN viral. A proteína E5 do HPV16 liga-se à subunidade 16kDa da ATPase vacuolar H+, o que interfere com a acidez dos endossomas e, consequentemente, aumenta a reciclagem dos receptores EGF (Epidermal Growth Fator Recetor) e PDG (Platelet-Derived Growth Fator) para a membrana plasmática, bem como a sua atividade. Além disso, a proteína E5 reduz o reconhecimento da célula infetada pelo sistema imunitário do hospedeiro. Interage com a cadeia pesada do MHC I no retículo endoplasmático e no aparelho de Golgi, reduzindo a sua expressão na superfície celular e, por conseguinte, a apresentação dos antigénios virais.

As proteínas E6 e E7 desempenham um papel fundamental, uma vez que são necessárias para o ciclo viral produtivo e para a transformação celular induzida pelo HPV HR. A sua expressão é parcialmente controlada pela proteína E2. São as únicas proteínas virais constantemente expressas no cancro do colo do útero. Interagem com numerosas proteínas e vias reguladoras e de sinalização celular. Um dos principais alvos da proteína E6 no HPV HR é a proteína p53, que tem uma função reguladora negativa no ciclo celular. Em caso de danos no ADN, pode induzir a paragem do ciclo celular, permitindo a reparação do ADN danificado. Se o dano for demasiado extenso, a proteína p53 pode induzir a apoptose, impedindo a propagação destas alterações para as gerações seguintes de células (Figura 5). A proteína E6 dos HPV HR induz a degradação da p53 pelo proteasoma, enquanto a dos HPV BR apenas reduz a sua atividade.

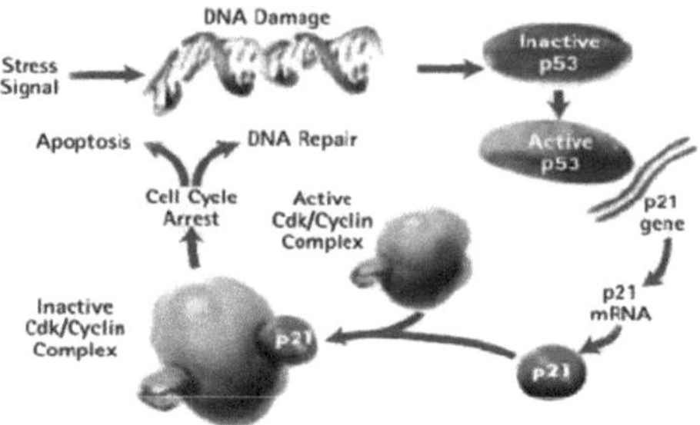

Figura 5: Funções fisiológicas da proteína p53

A função da proteína E7 no ciclo produtivo viral é promover a transição da fase G1 para a fase S, permitindo a replicação do genoma nas células suprabasais. A proteína E7 do HPV HR interage com a proteína pRb, cujo principal papel é bloquear a replicação do genoma nas células suprabasais. passagem da célula de G1 para S através da ligação ao fator de transcrição pRb. A E7 promove a sua ligação à calpaína, que degrada parcialmente a pRb, levando-a a ser degradada pelo proteassoma. A ação conjunta destas duas proteínas oncogénicas faz assim parte do mecanismo da carcinogénese, uma vez que estão envolvidas na perda de controlo da regulação do ciclo celular, na imortalização, na transformação celular e na manutenção do fenótipo transformado.

Quadro III: Proteínas virais e suas principais funções

Proteínas virais	Características e funções
E1	Helicase. Controlo da replicação viral
E2	Regula negativamente o promotor do gene precoce e, com E1, a replicação do ADN viral
E4	Pode participar na libertação de partículas virais através da desestabilização da rede de citoqueratina
E5	Estimula os sinais mitóticos dos factores de crescimento
E6	Inativa numerosas proteínas celulares, incluindo a p53. Principal oncoproteína viral
E7	Inativa muitas proteínas celulares, incluindo a pRb. Principal oncoproteína viral
L1	Principal proteína do capsídeo. Encontrada em vacinas dirigidas contra o HPV
L2	Proteína menor do capsídeo. Promove a encapsidação do ADN viral

A região L (Late) codifica as proteínas L1 e L2 do capsídeo tardio (quadro III).

❖ **Proteínas virais tardias L (Late) :**

A proteína L1 é a principal proteína do capsídeo. A sua estrutura é altamente conservada entre os papilomavírus e transporta antigénios específicos do género e certos antigénios específicos do tipo. A sua capacidade de auto-montagem para formar partículas semelhantes a vírus (VLPs) constitui a base das vacinas. As VLPs partilham epítopos conformacionais com o capsídeo nativo e são altamente imunogénicas, mas não infecciosas. São também uma fonte de antigénios para o desenvolvimento de testes serológicos ELISA, que ainda não estão no mercado. A proteína L2 é a proteína menor do capsídeo: é capaz de se ligar ao ADN viral e de o posicionar corretamente no capsídeo. Permite assim a montagem do vírus e a estabilização do capsídeo em associação com a proteína L1.

3. Ciclo viral e multiplicação

Os HPV são vírus espécie-específicos com um tropismo particularmente acentuado para os epitélios escamosos, que são os únicos permissivos à infeção. Estes epitélios escamosos estão localizados na pele (camada epidérmica), no trato aerodigestivo superior (cavidade oral, faringe, esófago, metade superior da laringe), no canal anal e no trato genital. O HPV infecta o epitélio através da penetração de micro-lesões nas células da camada basal. No colo do útero, esta penetração é facilitada na junção entre o epitélio escamoso do ectocérvix e o epitélio glandular do endocérvix, que é particularmente vulnerável.

3.1. O ciclo viral (28-29) :

a. Encontro com a célula-alvo (Figuras 6 e 7):

Foi observado in vivo que, antes de se ligarem aos queratinócitos, os viriões se ligam à membrana basal através de proteoglicanos (principalmente sulfato de heparano). O proteoglicano de sulfato de heparano é um recetor que se encontra na matriz extracelular e na superfície de muitas células. Os viriões ligam-se ao proteoglicano de sulfato de heparano 1 (HSPG1) na matriz extracelular através da sua proteína do capsídeo L1. Foi também demonstrado que a laminina 5, presente na matriz extracelular, desempenha um papel nesta ligação, mas em menor grau. Os viriões foram depois transferidos para um outro recetor, o proteoglicano de sulfato de heparano 2 (HSPG2), presente na superfície dos queratinócitos. Esta interação resultaria numa alteração conformacional que levaria à exposição da parte N-terminal da proteína L2 e ao aparecimento do local de clivagem da furina. Segue-se a clivagem proteolítica, que conduz novamente a uma alteração conformacional que reduz a afinidade da furina com os queratinócitos. para o recetor do proteoglicano de sulfato de heparano ou para dar origem a um novo sítio de ligação que resulta na transferência para um segundo recetor que conduz à endocitose. Algumas hipóteses sugerem que a integrina alfa 6 é o segundo recetor, mas estas hipóteses são controversas.

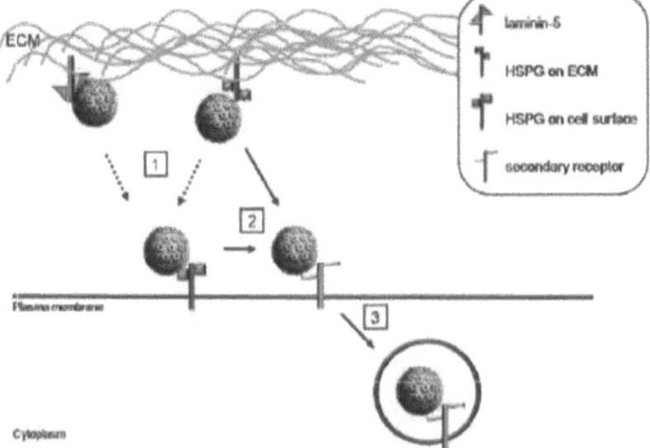

Figura 6: Mecanismos de entrada nas células pelos papilomavírus humanos

b. O vírus entra na célula :

O HPV entra através de endocitose lenta, cujo mecanismo depende do tipo de HPV. Os HPV 16 e 58 têm um mecanismo de endocitose através de clatrinas, enquanto o HPV 31 envolve cavernas. Em seguida, o vírus desencapsida-se, quebrando as pontes de bissulfureto entre os capsómeros, migra para o núcleo e liberta o genoma viral. O genoma pode permanecer em estado latente sob a forma de epissoma ou integrar-se no genoma da célula.

c. Expressão e amplificação do genoma viral :

Uma vez libertado o genoma viral, as proteínas virais são expressas e o genoma é replicado para formar novos viriões.

d. Montagem de viriões e sua libertação por descamação.

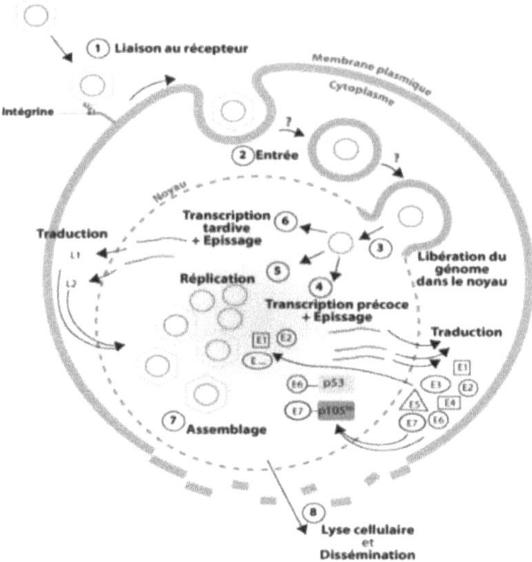

Figura 7: Ciclo viral do papilomavírus humano

3.1. Multiplicação viral (32, 33,34,35, 36,37,38)

O papilomavírus humano tem uma especificidade estreita em relação ao hospedeiro. Infecta as células germinativas do epitélio escamoso da pele e das membranas mucosas. Este vírus passa por três fases replicativas (Figura 8).

a) Infeção produtiva (Figura 9) :

Se houver uma brecha no epitélio, o vírus aproveita para entrar no epitélio. células basais do epitélio e expressar os seus genes iniciais. Isto leva a uma expansão da proliferação clonal de células infectadas, levando a uma proliferação celular benigna chamada papiloma. Posteriormente, as células germinativas diferenciam-se e migram para as camadas superficiais queratinizadas. É nesta fase tardia do ciclo que se expressam os genes L1 e L2 responsáveis pela síntese do capsídeo. As partículas virais são formadas e libertadas quando os queratinócitos se desprendem. A multiplicação viral está, portanto, estreitamente ligada à diferenciação celular. Esta diferenciação celular está na origem do efeito citopático designado por coilocitose. A coilocitose consiste na formação de células anómalas, os coilócitos, que apresentam um núcleo muito grande e periférico e uma cromatina irregular (figura 8).

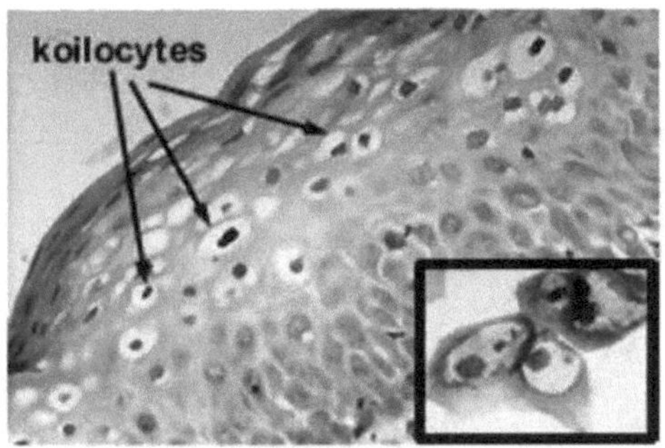

Figura 8: Coilócitos

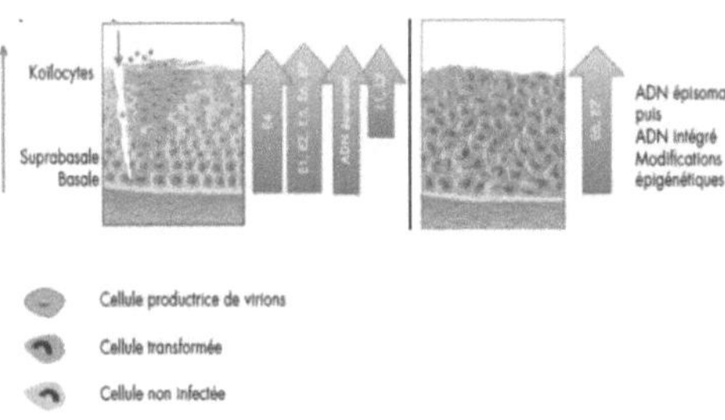

Figura 9: ciclo viral do papilomavírus (39)

O ciclo viral depende, portanto, da diferenciação celular. Nas células basais, apenas os genes iniciais são expressos, pelo que não estão presentes partículas virais. Por outro lado, as células em processo de queratinização garantem um ciclo viral completo e a produção de partículas virais que serão libertadas durante a descamação (Figura 10).

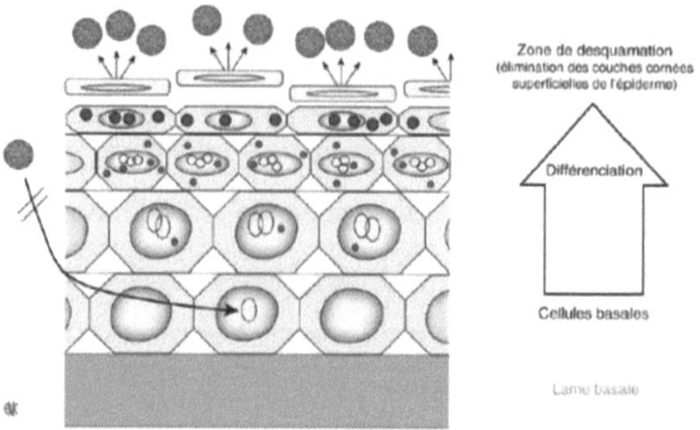

Figura 10: A replicação do HPV é paralela à diferenciação celular (40).

b) Infeção latente :

A infeção primária passa despercebida, qualquer que seja o tipo de HPV. Após esta infeção primária, o vírus é transportado durante cerca de quinze meses. Depois, em mais de 80% dos casos, o sistema imunitário elimina o vírus HPV. Mas, na percentagem restante, a infeção persiste e o HPV pode permanecer "latente" durante vários meses, originando lesões e, a longo prazo, cancro.

Quando a infeção permanece latente, o ADN viral persiste na forma epissomal (ou seja, não está integrado no genoma da célula). No entanto, sob a influência de vários factores endógenos ou exógenos, o estado latente pode ser quebrado e o vírus pode voltar a desenvolver-se numa infeção produtiva, levando a recaídas.

c) Transformar a infeção :

No caso de uma infeção por HPV de alto risco, o ADN viral pode integrar o genoma da célula infetada. Para tal, o ADN viral é cortado nos genes E1/E2 e linearizado, o que resulta numa deleção de E1/E2 e num rearranjo do genoma viral. Como resultado, o E2 deixa de atuar como repressor dos genes E6 (ligado à proteína p53) e E7 (ligado à proteína p105RB) e a sua transcrição é aumentada. As proteínas p53 e p105RB (105kDa retinoblastoma protein) estão envolvidas na regulação do ciclo celular e são ambas proteínas supressoras de tumores. A proteína p53 está envolvida na paragem do ciclo celular na fase G1, levando à apoptose celular na presença de anomalias genómicas não reparáveis. A proteína p105RB está envolvida na progressão da célula através do ciclo celular, dependendo do seu estado de fosforilação. É cada vez mais fosforilada à medida que avança no ciclo durante as fases G1 e S, depois permanece fosforilada à medida que passa da fase S para a G2 e é desfosforilada durante a fase M. Em seguida, sequestra-se com o fator de transcrição E2F. Depois, durante um novo ciclo, a p105RB é novamente fosforilada e separada dos factores E2F, que podem então exercer o seu papel de ativação dos genes envolvidos na síntese de ADN. A fosforilação da proteína p105RB está assim envolvida na passagem da célula do ponto de restrição para a fase G1. Aquando da integração no genoma da célula, E6 e E7 deixam de ser reprimidos (figura 11). A E6, na presença de uma proteína E6-AP (proteína associada à E6, presente apenas no HPV HR), liga-se e transfere uma ubiquitina para a proteína p53, levando à sua degradação. Como resultado, o ciclo celular deixa de ser controlado e as anomalias genómicas acumulam-se, levando ao aparecimento de um genótipo maligno. Quanto à proteína E7, esta tem a capacidade de se ligar fortemente à p105RB, levando à dissociação do complexo p105RB/E2F. O E2F fica então livre e ativa os genes envolvidos na síntese do ADN e na progressão celular. A proteína E7 pode também ligar-se a cdk/ciclinas e a proteínas relacionadas com p105RB.

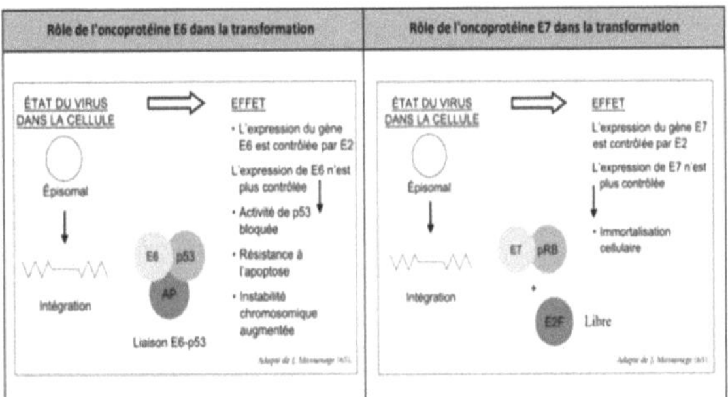

Figura 11: Papel das proteínas onc e6 e e7 na transformação celular (36)

Tudo isto conduz a uma transformação celular que resulta no aparecimento de lesões pré-cancerosas ou cancerosas. A evolução para cancro não é sistemática e 32% a 57% das lesões pré-cancerosas podem regredir naturalmente de forma oposta ao seu grau. O cancro desenvolve-se após vários anos (cerca de quinze anos) e a transição das lesões pré-cancerosas para as lesões cancerosas está ligada ao HPV de alto grau.

II. LESÕES E CANCROS ASSOCIADOS AO HPV

As lesões induzidas pelo HPV são múltiplas e dependem tanto do epitélio alvo como do genótipo do HPV envolvido.

⁂ Lesões cutâneas :

As lesões cutâneas relacionadas com o HPV são essencialmente representadas pelas verrugas cutâneas e pela epidermodisplasia verruciforme. As verrugas cutâneas são lesões tumorais benignas, altamente contagiosas e comuns (7-10% da população), ocorrendo principalmente em crianças em idade escolar e adultos jovens. A transmissão pode ocorrer por auto-inoculação ou contacto direto com a pele, ou por contacto indireto (roupa suja ou solo). A evolução natural pode ser favorável, sendo que 60% das verrugas cutâneas curam espontaneamente no prazo de 2 anos. Os HPVs mais frequentemente envolvidos são os genótipos 1, 2, 3, 4 e 10. As verrugas cutâneas não estão associadas ao cancro da pele. A epidermodisplasia verruciforme é uma doença genética rara caracterizada por uma infeção crónica disseminada do HPV na pele. Em 80% dos casos, a infeção é causada pelos HPV 5 e 8. Estes HPV têm um potencial oncogénico e os doentes podem desenvolver múltiplos carcinomas de células escamosas em zonas fotoexpostas a partir dos 30-40 anos (41).

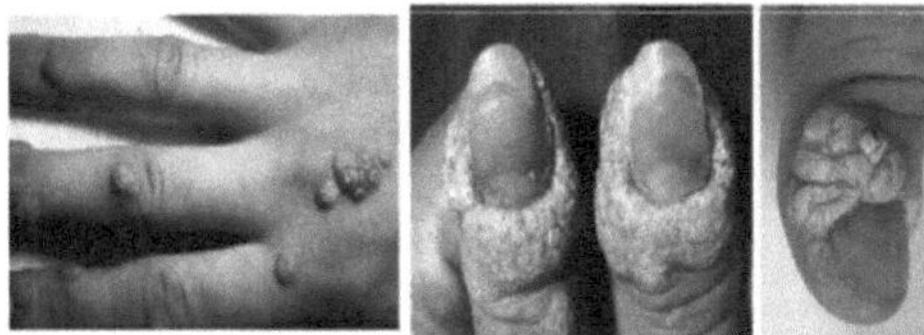

Figura 12: Verrugas comuns da mão causadas pelo HPV (42).

Lesões da mucosa ano-genital

Condilomas acuminados ou verrugas genitais São lesões benignas que aparecem nos genitais externos (vulva, lábios, pénis, períneo), na vagina, no colo do útero ou na zona perianal, causadas pela infeção por HPV muco-trópico de baixo risco oncogénico, HPV 6 e 11 em 90% dos casos (43). A prevalência é de cerca de 1% da população sexualmente ativa (44). O período de incubação do condiloma acuminado é, em média, de 3 meses, mas pode ser mais longo, atingindo por vezes vários anos. A evolução espontânea ou sob tratamento conduz geralmente à regressão. O risco de evolução do condiloma acuminado para carcinoma de células escamosas é muito baixo (45). Neoplasia intra-epitelial Na sequência de uma infeção com HPVs com efeitos trópicos na mucosa, principalmente de elevado risco oncogénico, pode desenvolver-se uma neoplasia intra-epitelial no colo do útero (NIC), na vagina (NIV), na vulva (NIV), no pénis ou no canal anal. As neoplasias intra-epiteliais ou lesões pré-cancerosas são lesões caracterizadas por uma perturbação do crescimento e da diferenciação do epitélio. Por definição, a lesão é estritamente intra-epitelial e não atravessa a membrana basal. Estas lesões podem apresentar-se sob formas mais ou menos graves e são classificadas em 3 graus em função do grau de desorganização do epitélio: lesões de baixo grau (NIC 1) e lesões de alto grau (NIC 2 e 3).

Quadro IV: Classificação das NIC de acordo com o grau de riqueza

LESION	CIN	HISTOLOGIE
Dysplasie légère (avec koïlocytose)	CIN1	
Dysplasie modérée	CIN2	
Dysplasie sévère Carcinome *in situ*	CIN3	

Cancros provocados pelo HPV de alto risco com tropismo na mucosa Uma proporção significativa de certos cancros está ligada à infeção por HPV de alto risco oncogénico (46,47).

✓ Cancro do colo do útero: 99,7

O HPV 16 é de longe o genótipo mais frequente nos cancros invasivos do colo do útero, com uma prevalência de 73%, seguido do HPV 18 (19%), 31 (7%) e 33 (4%).

Os genótipos 16 e 18 causam cerca de 70% dos cancros do colo do útero

✓ Cancro anal: 90% dos casos

Mais de 90% dos cancros anais são atribuíveis ao HPV 16 e 18.

- Cancro da vulva e da vagina: 40 a 60%.

80% dos cancros vulvares e vaginais são atribuíveis ao HPV 16 e 18.

✓ Cancro do pénis: 40% dos casos

60% dos cancros do pénis são atribuíveis ao HPV 16 e 18.

Os HPV também foram encontrados em membranas mucosas extra-genitais, como a cavidade oral, a orofaringe e a laringe, onde também estão implicados em 10 a 30% dos cancros. Mais de 90% destes cancros estão associados aos HPV 16 e 18.

III. INFECÇÃO ENITAL PELO VÍRUS DO PAPILOMA HUMANO

• **Transmissão :**

A infeção genital por HPV é a infeção sexualmente transmissível (IST) mais comum no mundo (48).

Qualquer ato sexual, com ou sem penetração, está associado a um risco de infeção por HPV (48), pelo que os adolescentes que se envolvem em práticas sexuais como o toque ou os preliminares, mesmo sem sexo com penetração, estão em risco (49).

Um estudo canadiano de 2006 estimou a probabilidade de transmissão do HPV durante as relações sexuais numa média de 40% se um dos parceiros for portador. (50). Este valor, muito mais elevado do que o de outras IST virais (infecções por VIH, HSV-2 e HBV), aproxima-se da probabilidade de transmissão das IST bacterianas (infecções por Chlamydia trachomatis, Neisseria gonorrhoeae e Treponema pallidum).

Os HPV são, por conseguinte, vírus altamente transmissíveis. Estima-se que 70% dos homens e mulheres sexualmente activos contrairão uma infeção por HPV pelo menos uma vez na vida (51).

Embora ajude a reduzir o risco de transmissão, o poder protetor do preservativo continua a ser controverso, uma vez que o vírus pode estar presente em toda a região anogenital (incluindo áreas não cobertas pelo preservativo). No entanto, de acordo com um estudo americano de 2006, a utilização sistemática do preservativo durante as relações sexuais com penetração reduz a incidência da infeção em 60% (52).

Foram também descritos outros modos de transmissão. É possível a transmissão vertical materno-fetal durante o parto vaginal. O exemplo mais comum é a papilomatose laríngea juvenil, que afecta crianças com menos de 5 anos de idade. Isto envolve a transmissão do HPV 6 ou 11 durante o parto vaginal por uma mãe que é portadora de condiloma acuminado genital, no momento da passagem pelo trato genital [53,54]. Finalmente, a transmissão horizontal é muito mais rara, mas também possível. Os vírus HPV são extremamente resistentes às condições ambientais. Esta possibilidade de transmissão sublinha a importância de regras de higiene rigorosas, nomeadamente no que diz respeito à utilização de equipamento médico para patologia cervical e à utilização de luvas e equipamento de utilização única(55). Em suma, é importante especificar que o HPV não pode ser transmitido através do sangue, do sémen, da saliva ou do leite materno.

• Prevalência

De acordo com a Organização Mundial de Saúde, as infecções por HPV afectam 660 milhões de pessoas em todo o mundo e o número de novas infecções genitais nas mulheres está estimado em 30 milhões por ano (56).

⬥ Disparidades na prevalência entre países

O estudo epidemiológico realizado pela Agência Internacional de Investigação do Cancro (IARC) em mais de 1500 mulheres de 11 países mostra que, no conjunto das idades, a prevalência mundial de infecções genitais por HPV (todos os tipos combinados) é de 10,5%. O estudo também encontrou grandes variações na prevalência entre os países estudados, variando de 1,4% em Espanha a 25,6% no Níger (57). A prevalência, todas as idades e todos os tipos de HPV combinados, está estimada em 25,6% em África, 8,7% na Ásia, 14,3% na América do Sul e 5,2% na Europa.

⬥ Disparidade na prevalência de acordo com o tipo de HPV

Entre as infecções por HPV, parece que a prevalência é mais elevada para os HPV oncogénicos de alto risco do que para os HPV de baixo risco. De acordo com o mesmo estudo da IARC, a prevalência mundial de infecções por HPV de alto risco é de 7,6%, em comparação com 2,9% para o HPV de baixo risco. Das mulheres HPV-positivas identificadas, 66,8% estavam infectadas com HPV de alto risco e 27,7% com HPV de baixo risco. Das mulheres infectadas com HPV de alto risco, 19,7%, 7,6%, 7,5% e 7,2, respetivamente, estavam infectadas com os genótipos 16, 58, 31 e 18.

IV. FACTORES DE RISCO

Numerosos estudos identificaram os principais factores que favorecem a transmissão da infeção pelo HPV. Foram descritos três factores de risco principais para a infeção por HPV (58):

❖ Atividade sexual precoce (risco multiplicado por 2 se a atividade sexual ocorrer antes dos 17 anos). A extensão da zona de junção endocérvix-exocérvix nas raparigas adolescentes poderia explicar a suscetibilidade deste grupo etário à infeção quando têm relações sexuais pela primeira vez.

❖ Parceiros sexuais múltiplos (aumento do risco proporcional ao número de parceiros sexuais).

❖ Fumar (risco multiplicado por 3): excreção de hidrocarbonetos no muco cervical e toxicidade local.

❖ Contraceptivos orais de estrogénio-progestagénio.

❖ A presença de outra IST e o tabagismo também são considerados factores de risco, uma vez que reduzem a proteção imunitária contra a penetração do HPV e/ou enfraquecem os epitélios

❖ Imunossupressão: Infeção por VIH; terapia prolongada com corticosteróides; tratamento com imunossupressores.

❖ Baixo estatuto socioeconómico.

V. VACINAÇÃO CONTRA O HPV

1. Mecanismos de ação das vacinas

A vacina contra o HPV é referida como uma vacina profiláctica, o que significa que é indicada para a prevenção primária de infecções por HPV. As vacinas profilácticas contra o HPV baseiam-se na descoberta, nos anos 90, das propriedades de auto-montagem de pseudo-partículas virais da principal proteína do capsídeo dos vírus HPV (proteína L1). A proteína L1 tem a capacidade espontânea de se auto-agregar para formar um envelope, uma partícula esférica semelhante a um vírus, conhecida como partícula semelhante a um vírus (VLP). As VLPs têm uma morfologia quase idêntica à do vírus e induzem o sistema imunitário a produzir um elevado nível de anticorpos neutralizantes específicos. As VLPs são produzidas por engenharia genética in vitro, através da introdução do gene L1 em várias células eucarióticas (células de insectos, leveduras). Os anticorpos séricos produzidos em resposta à injeção de VLPs são dirigidos contra a proteína L1 do vírus. São então transudados do soro para a mucosa cervical, onde podem neutralizar os viriões antes de entrarem nas células basais do epitélio, ligando-se à proteína L1 do capsídeo viral. Este processo impede a aquisição da infeção pelo HPV. Estas pseudopartículas não têm potencial infecioso nem oncogénico.

2. Vacinas disponíveis

Foram desenvolvidas duas vacinas contra o HPV com base no princípio de fabrico de VLP: Gardasil® e Cervarix® (Figura 13) (59).

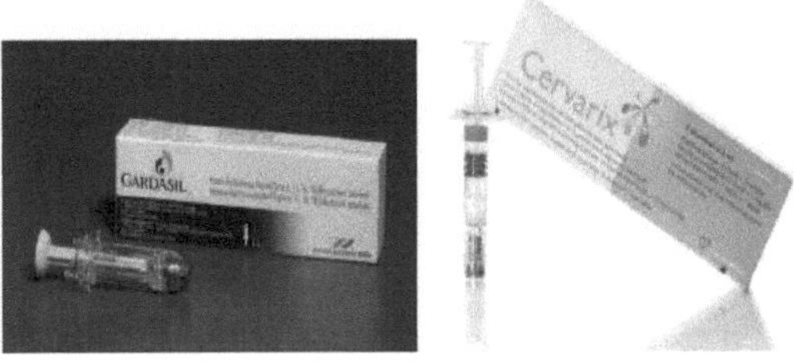

Figura 13: As duas vacinas contra o HPV disponíveis no mercado

Gardasil® é uma vacina quadrivalente desenvolvida pela Sanofi Pasteur MSD, que recebeu a sua Autorização de Introdução no Mercado Europeu em setembro de 2006 e é comercializada em França desde novembro de 2006. A Cervarix® é uma vacina bivalente desenvolvida pelo laboratório GlaxoSmithKline. Obteve a sua autorização de introdução no mercado europeu em setembro de 2007 e é comercializada em França desde março de 2008. Ambas as vacinas são administradas por via intramuscular. As duas vacinas diferem na sua composição em termos de substância ativa e adjuvante (quadro 5).

Quadro V: Principais características das 2 vacinas contra o HPV (59)

Nome comercial (Laboratório)	Gardasil® (merck)	Cervarix (GSK)
Teor de VLP1 por dose	Tipo 6: 20 µg Tipo 11: 40 µg Tipo 16: 40 µg Tipo 18: 20 µg	Tipo 16: 20 µg Tipo 18: 20 µg
Aditivo	Hidroxifosfato alumínio amorfo	AS04 combinação de um sal de hidróxido de alumínio

3. Indicações e recomendações

Gardasil® é indicada a partir dos 9 anos de idade para a prevenção de lesões pré-cancerosas genitais de alto grau do colo do útero (NIC 2, NIC 3), da vulva (NIV 2, NIV 3) e da vagina (NIV 2, NIV 3), para a prevenção do cancro do colo do útero e das verrugas genitais (condiloma acuminado) devidas ao HPV 6, 11, 16 e 18 (60). O Cervarix® é indicado a partir dos 9 anos de idade para a prevenção de lesões pré-cancerosas genitais de alto grau do colo do útero (NIC 2, NIC 3) e do cancro do colo do útero devido aos HPV 16 e 18 (61). De acordo com o parecer do Haut Conseil de la Santé Publique (HCSP) de 28 de setembro de 2012, a vacinação contra as infecções por HPV é recomendada para as raparigas entre os 11 e os 14 anos de idade, com a vacinação de recuperação limitada aos 19 anos (62).

VI. A PROTEÍNA P53

O fator de transcrição P53 foi descrito pela primeira vez em 1979. Desde então, esta proteína tem sido objeto de numerosos estudos devido ao seu envolvimento em vários processos biológicos, tais como :

⬇ Blocos celulares no ciclo celular,

⬇ Reparação de danos no ADN,

⬇ O desenvolvimento da apoptose,

⬇ Diferenciação celular.

I. Estrutura do P53

A proteína p53 codifica um gene TP53 localizado no braço curto do cromossoma 17 (17p13). Trata-se de uma fosfoproteína nuclear de 53kDa e 393 aminoácidos divididos em 5 domínios (63) (figura 1). Os principais domínios são :

❖ O terminal N, um domínio transactivador

❖ O domínio de ligação ao ADN no centro

❖ O C-terminal (COOH), uma região que regula a atividade da proteína

O domínio N-terminal contém 2 domínios TAD (Transcription Activation Domain), TAD I e TAD II, bem como um domínio rico em prolina: PRD (Prolin Rich Domain) (64;65). Os domínios TAD I e TAD II permitem o recrutamento de proteínas envolvidas n o complexo de iniciação da transcrição, como o fator TFIID, ou de proteínas que co-activam a transcrição, como a proteína CBP/p300, ou de proteínas envolvidas no seu controlo de feedback negativo, como a MDM2 (66). O domínio rico em prolina é composto por várias repetições do motivo PXXP. Desempenha um papel na regulação das actividades transcricionais e não transcricionais da p53. Por último, o domínio N-terminal contém uma sequência de exportação nuclear (NES).

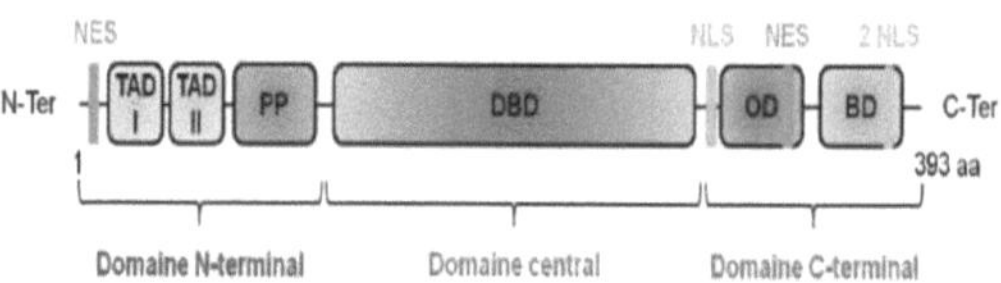

Figura 14: Estrutura do p53.

A proteína p53 é composta por um domínio N-terminal que inclui o TADI e o TADII, bem como o domínio rico em prolina PP, um domínio central que inclui o domínio de ligação ao ADN (DBD) e, finalmente, um domínio C-terminal que inclui o domínio de oligomerização (OD) e o domínio regulador rico em aminoácidos básicos (BD). A proteína p53 possui 2 NES e 3 NLS que regulam a sua localização nucleocitoplasmática (67).

O domínio central do p53 contém o domínio de ligação ao ADN (DBD). Este domínio é essencial para as actividades transcricionais do p53. Certos aminoácidos deste domínio podem sofrer modificações pós-traducionais que regulam as actividades do p53. Além disso, foi demonstrado que mais de 80% das mutações do p53 encontradas nos cancros afectam o domínio DBD (68).

O domínio C-terminal contém o domínio OD (Oligomerisation Domain). Este domínio permite a formação de um tetrâmero de p53, que se liga depois aos promotores dos seus genes-alvo (69). Por fim, o domínio C-terminal inclui igualmente um domínio regulador rico em aminoácidos básicos: o BD (Basic Domain). O domínio N-terminal contém igualmente 3 sequências NLS e uma sequência NES.

II. Funções celulares do P53 :

Como supressor de tumores, a proteína p53 desempenha um papel essencial na manutenção da integridade do genoma (daí a sua alcunha de "guardiã do genoma"), a fim de evitar uma proliferação celular inadequada. A sua atividade está envolvida na regulação de processos como o ciclo celular, a apoptose e a reparação do ADN (70;71). A P53 está também envolvida em processos metabólicos, autofágicos e angiogénicos.

1. Controlo do ciclo celular

O ciclo celular é constituído por 4 fases distintas: a fase de latência G1, a fase de replicação do ADN S, a fase de latência G2 e a fase de mitose M. Dependendo dos danos celulares, o p53 pode induzir uma paragem transitória do ciclo celular na fase G1, impedindo a replicação do ADN danificado, uma paragem na fase G2 que permite a suspensão do ciclo antes da mitose ou uma paragem irreversível do ciclo celular que conduz à senescência.

a) Paragem de fase G1

Esta função do p53 envolve a ativação da expressão do seu gene alvo CDKN1A (Cyclin-Dependent Kinase Inhibitor 1A) que codifica a proteína p21, principal regulador do ponto de passagem G1/S (72). De facto, a p21 pertence à família dos inibidores da CDK e bloqueia o ciclo celular na fase G1 ligando-se ao complexo (ciclinaE/CDK2) e inactivando-o, impedindo assim a fosforilação da proteína Rb e a libertação de E2F, necessária para a entrada na fase S (Figura 15).

b) Paragem de fase G2

A paragem do ciclo celular na fase G2 resulta da desestabilização do complexo (ciclinaB1/CDC2), regulador-chave do ponto de passagem G2/M. De facto, o p53 induz a expressão da GADD45 (Growth Arrest and DNA-Damage-inducible protein) que se liga à CDC2 (Cell Division Cycle protein 2, também conhecida por CDK1) impedindo a formação do complexo (cyclinB1/CDC2) (73). Além disso, o p53 induz a expressão de 14-3-38 (74), que impede a ativação de CDC2 sequestrando a sua quinase activadora CDC25.

c) Senescência

O programa efector da senescência inclui as vias p53/p21 e Rb/p16 que bloqueiam irreversivelmente os pontos de controlo do ciclo celular.

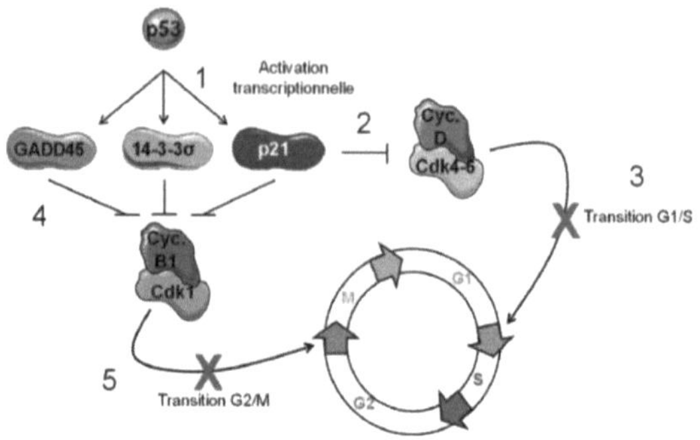

Figura 15: O p53 induz a paragem do ciclo celular.

O p53 ativa a transcrição dos genes que codificam as proteínas GADD45, 14-3-3a e p21 [1]. A p21 inibe o complexo Ciclina D/Cdk4-6 [2] que controla a transição G1/S [3]. A p21, tal como as proteínas GADD45 e 14-3-3a, também inibe o complexo Ciclina B1/Cdk1 [4] que regula a transição G2/M [5]. (73 ;74)

2. Reparação do ADN

Existem numerosos mecanismos de reparação do ADN, tais como MMR (Mismatch Repair), NHEJ (Non Homologous End-Joining), NER (Nucleotide Excision Repair) e BER (Base Excision Repair) (75).NER: O p53 pode induzir a expressão de XPC (Xeroderma Pigmentosum group C) e DDB2 (DNA Damage-Binding protein 2) envolvidos na deteção de danos no ADN e ligar-se e, por conseguinte, modular a atividade de XPB e XPD (Xeroderma Pigmentosum B e D) (ATPase e helicase, respetivamente), duas subunidades de TFIIH (Transcription Fator II Human). excision effector (76). O p53 também induz a expressão de GADD45 e PCNA (Proliferating Cell Nuclear Antigen), que estão envolvidos na NER (77). BER: O p53 pode interagir com componentes do sistema BER, como a APE1 (Apurinic/apyrimidinic endonuclease 1) e a DNA polimerase B (78). HR: O p53 pode interagir com o RAD51 e o RAD54, dois dos principais componentes da recombinação homóloga (79).

3. Apoptose

A apoptose é a morte celular programada para eliminar as células demasiado danificadas (modelo do "limiar da morte") e é essencial para o desenvolvimento e a sobrevivência dos organismos multicelulares. Existem duas vias principais para induzir a apoptose: a via intrínseca ou mitocondrial e a via extrínseca ou do recetor do domínio da morte. Durante a via extrínseca, activada, por exemplo, durante a resposta imunitária, o p53 pode transactivar a expressão de receptores de morte situados na membrana plasmática, como o DR4, o DR5 e o CD95/Fas, que iniciam a apoptose activando a caspase 8 ao ligarem-se aos seus ligandos (TRAIL e CD95L/FasL). A expressão da proteína transmembranar PERP (p53 apoptosis effector related to PMP-22) também pode ser transactivada em resposta a danos extensos no ADN (80).A P53 pode ativar a via intrínseca induzindo a expressão de proteínas mitocondriais pró-apoptóticas: BAX (BCL-2-associated X), NOXA (ou phorbol-12-myristate- 13-acetate-induced protein 1), PUMA (p53 upregulated modulator of apoptosis), BID (BH3 interacting-domain death agonist), BAD, p53AIP1 (p53-regulated apoptosis-inducing protein 1).... que promovem a queda do potencial de membrana mitocondrial e a libertação de citocromo c, levando à formação de um apoptossoma com APAF-1 (Apoptotic protease activating fator 1) (cuja expressão é também induzida por p53) e caspase-9. Além disso, o p53 pode reprimir a expressão das proteínas anti-apoptóticas mitocondriais BCL-2 e BCL- XL e das proteínas inibidoras da apoptose (família IAP), como a survivina. Além disso, o p53 pode transactivar genes que codificam proteínas pró-apoptóticas localizadas no citoplasma, tais como a proteína PTEN que se opõe à via de sobrevivência PI3K/AKT (81), a proteína PIDD (p53-induced protein with a death domain) que se pensa interagir com a caspase 2 para ativar a via mitocondrial (82;83), a proteína PIG3 (P53-Inducible Gene 3) envolvida na indução de apoptose em condições de stress oxidativo (84) e a caspase 6 considerada uma caspase efectora (85).

Paralelamente, e mesmo antes desta resposta transcricional do p53, que demora algum tempo a produzir efeitos (várias horas), o p53 pode atuar diretamente (em poucos minutos) na mitocôndria. Com efeito, o p53 pode ligar-se e inibir a atividade das proteínas anti-apoptóticas BCL-2 e BCL-XL, facilitando assim a atividade pró-apoptótica de BAX (86). A p53 pode também ligar-se a BAX, BAD e BAK (BCL-2 homologous antagonist/killer) e promover diretamente a sua atividade pró-apoptótica (fig. 16) (87).

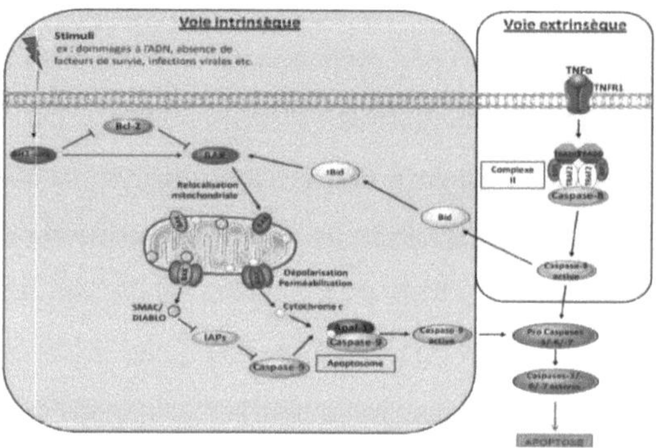

Figura 16: As duas principais vias da apoptose.

Existem duas vias de sinalização principais para a apoptose: a via extrínseca (amarela), ou via do recetor do domínio da morte, e a via intrínseca (azul), ou via da apoptose.mitocondrial. A via intrínseca pode ser activada por vários estímulos, tais como danos no ADN, ausência de factores de crescimento ou infeção viral. Estas duas vias levam à ativação de proteínas efectoras da apoptose denominadas caspases. A via extrínseca pode juntar-se à via de sinalização mitocondrial através da clivagem da Bid em tBid.

4. Metabolismo

A proteína p53 desempenha igualmente um papel no metabolismo celular. De facto, a p53 abranda a glicólise modulando três das suas etapas:

• Diminuição da expressão dos transportadores de glucose da membrana, como o GLUT1, o GLUT3 e o GLUT4, o que leva a uma redução do nível de glucose intracelular, a fonte inicial da glicólise (88; 89).

• Indução da expressão de TIGAR (TP53-Induced Glycolysis and Apoptosis Regulator), que inativa a PFK (fosfofrutoquinase), a enzima envolvida na terceira fase da glicólise (90).

• Inibição da PGM (fosfoglicerato mutase), que intervém nas fases finais do processo. glicolítico (91).

Ao mesmo tempo, o p53 inibe a via das pentoses fosfato, responsável pelo catabolismo da glicose para formar NADPH e ribose, ao inativar a enzima chave desta via: G6PD (glucose-6-fosfato desidrogenase) (Jiang et al., 2011). Além disso, o p53 estimula a fosforilação oxidativa mitocondrial. De facto, o p53 aumenta a expressão de SCO2 (síntese de citocromo c oxidase 2), promovendo assim a atividade do complexo COX (citocromo c oxidase), o quarto complexo da cadeia respiratória mitocondrial (92). Outros alvos do p53 estão indiretamente envolvidos na ativação da fosforilação oxidativa mitocondrial: A GLS2 (glutaminase 2) que, entre outras coisas, favorece a produção de glutamato e de a-cetoglutarato (93), a proteína Parkine que ativa o complexo PDH (piruvato desidrogenase) necessário à conversão do piruvato em acetil-CoA (94), a transrepressão da PDK2 (piruvato desidrogenase quinase 2), que inibe a atividade do complexo PDH (95), e o aumento da expressão da ribonucleótido redutase p53R2. que ajuda a manter a integridade do ADN mitocondrial (96). A ativação da fosforilação oxidativa mitocondrial pelo p53 poderia ser um aumento da produção de ERO endógenas, mas o sistema é finamente regulado, uma vez que o p53 ativa igualmente processos de defesa antioxidantes para contrariar os efeitos deletérios destas ERO. Em condições fisiológicas e com baixos níveis de ativação, o p53 exerce uma atividade antioxidante que envolve a transactivação de proteínas como a GPX1 (glutatião peroxidase 1), a SOD2, as sestrinas 1 e 2, a GLS2, a TP53INP1 (Tumor protein p53-Inducible Nuclear Protein 1) e a ALDH4 (aldeído desidrogenase 4). Por outro lado, em condições de stress de alta intensidade, a p53 parece exercer uma atividade pró-oxidante induzindo a expressão de proteínas como a PIG3, a prolina oxidase e a FDRX (ferredoxina redutase), participando assim na morte celular por apoptose induzida quando o dano celular é demasiado grande (97) (Figura 17).

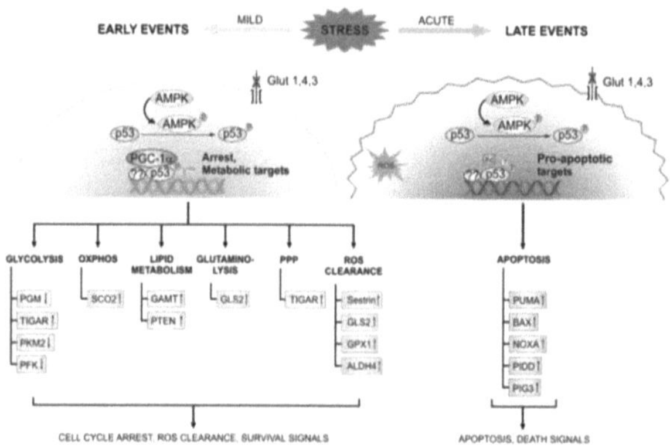

Figura 17: Ilustração esquemática da variabilidade das funções celulares do p53, em função da intensidade do stress.

Este diagrama ilustra as consequências de um stress metabólico que ativa a p53 de uma forma dependente da AMPK. O lado esquerdo do diagrama mostra um exemplo de stress de baixa intensidade e de curta duração que ativa as funções de sobrevivência da p53; o lado direito do diagrama mostra um stress de alta intensidade e/ou de curta duração que ativa as funções de sobrevivência da p53. que conduz à indução de apoptose dependente da p53 (98).

5. Autofagia

O termo autofagia vem das palavras gregas Auto (sozinho) e Phagy (comer) e define uma célula que se come a si própria. Pode ser benéfica e protetora quando permite a eliminação de macromoléculas ou mitocôndrias danificadas. Em condições de stress, o processo autofágico pode ser intensificado para permitir a adaptação da célula, participando, por exemplo, na produção de energia a partir da reciclagem de produtos degradados durante a privação de nutrientes. Por outro lado, esta intensificação da autofagia pode também representar um mecanismo de sobrevivência para os tumores expostos a um microambiente hipóxico ou à quimioterapia (99). Neste sentido, o p53 desempenha um papel duplo consoante a sua localização intracelular (100). Presente no núcleo, a proteína p53 induz a expressão de proteínas envolvidas mais ou menos diretamente na ativação da autofagia: DRAM (Damage-Regulated Autophagy Modulator) e DAPK1 (Death-Associated Protein Kinase 1), que podem também estar envolvidas na apoptose; e AMPK (AMP-activated protein Kinase), TSC1/2 (Tuberous Sclerosis), sestrinas e PTEN, que levam à inativação de mTOR, levantando assim a inibição que mTOR exerce sobre o processo autofágico (100). Por outro lado, a proteína p53, que está presente no citoplasma em condições basais, parece exercer uma atividade inibitória sobre a autofagia por um mecanismo ainda por elucidar (101).

6. Angiogénese

A proteína p53 tem actividades anti-angiogénicas que impedem a extensão do tumor através de, pelo menos, três mecanismos (102):

► Transactivação de factores anti-angiogénicos como o TSP-1 (trombospondina-1), o EPHA2 (recetor A2 da efrina) e o BAI1 (inibidor da angiogénese específico do cérebro 1).

► A transrepressão de factores pró-angiogénicos como o VEGF (103), o FGF2 e o

FGF2-BP.

► Inibição dos sistemas de deteção da hipóxia através da indução da degradação do HIF-1a (104).

III. Causas e consequências de uma expressão alterada de P53 :

As alterações no gene p53 encontram-se em mais de metade dos cancros humanos, sendo o seu domínio central (102-292) responsável por 90% das mutações. A inativação do p53 é frequentemente causada por mutações pontuais missense em determinados codões-chave, particularmente nos codões 175, 248 e 273, considerados os codões mais frequentemente mutados na sequência do gene p53 e implicados no aparecimento de muitos cancros(105). De entre os vários mecanismos de inativação do gene p53 e da sua proteína que têm sido descritos, precisamente no sentido de uma perda da sua função, referiremos seis que nos parecem ser os mais importantes:□ inativação do gene p53 por deleção de um ou de ambos os seus alelos, o que reduz ou inibe a formação do tetrâmero e leva a uma redução da expressão dos genes alvo.□ inativação da proteína p53 por :
- mutações sem sentido e mutações no local de splice que produzem proteínas truncadas e incapazes de oligomerizar

- mutações missense dos aminoácidos do domínio central. Estes aminoácidos substituídos podem ser divididos em dois grupos: um primeiro grupo que inclui os resíduos envolvidos na manutenção da estrutura tridimensional do domínio de ligação ao ADN e um segundo grupo que inclui os resíduos em contacto direto com o ADN (106). Estas duas categorias de mutações contribuem diretamente para a geração de proteínas cuja capacidade de ligação ao ADN é parcial ou mesmo totalmente abolida. a sua ligação a certas proteínas virais, como a proteína E6 do papilomavírus humano (HPV16 e 18) e o antigénio T do vírus símio 40 (SV40) (107).

- a sua via de sinalização, que pode ser interrompida através da alteração da expressão genética

MDM2 (duplo-minuto) que está sobre-expresso e/ou amplificado (108).

- falha dos mecanismos de translocação, levando concomitantemente a um sequestro citoplasmático anormal e à exclusão nuclear (109).

Formas particulares de mutações do p53 podem dar origem a mutações de "ganho d e função". A presença destes mutantes nas células dá origem a um novo fenótipo. As células adquirem novas funções normalmente ausentes nas células com a proteína p53 de tipo selvagem. Estes mutantes de "ganho de função" têm uma atividade positiva dominante e podem participar em processos oncogénicos (110).

IV. P53 e cancro

A proteína p53 (produto do gene supressor de tumores TP53), considerada como guardiã do genoma, é activada (estabilizada) em resposta a uma lesão do ADN. O fator de transcrição p53 é o alvo de vários oncogenes virais, como o antigénio T do SV40 (111), a proteína E1B dos adenovírus, o EBNA-5 do vírus Epstein Barr (112), o Tax do HTLV-1 (113) e a proteína E6 dos vírus HPV16 e 18 (114). Embora não seja necessária para o desenvolvimento, a proteína p53 é essencial para manter a integridade do genoma e a sua inativação promove a formação de tumores (115). Presente em baixas concentrações em condições normais, é activada pós-translacionalmente em condições de stress fisiológico. A sua ativação induz a paragem do ciclo celular na fase G1, e mesmo a apoptose em células alteradas. Nas células transformadas por HPV16 ou p53, os níveis são muito baixos. Os HPVs oncogénicos produzem uma proteína E6 capaz de se

ligar a uma ubiquitina ligase celular chamada proteína associada à E6 (E6AP)
para formar o complexo E6-E6AP, que resulta na ubiquitinação da p53 e,
consequentemente, na sua degradação pelo proteassoma (Figura 18) (116). Esta
propriedade é específica dos chamados vírus de alto risco (frequentemente
associados ao cancro) e induz a desregulação do ciclo celular por estes vírus.
A atividade transcricional do p53 é também registada por uma interação
competitiva do E6 com o coactivador CBP no seu local de ligação ao p53 (117).

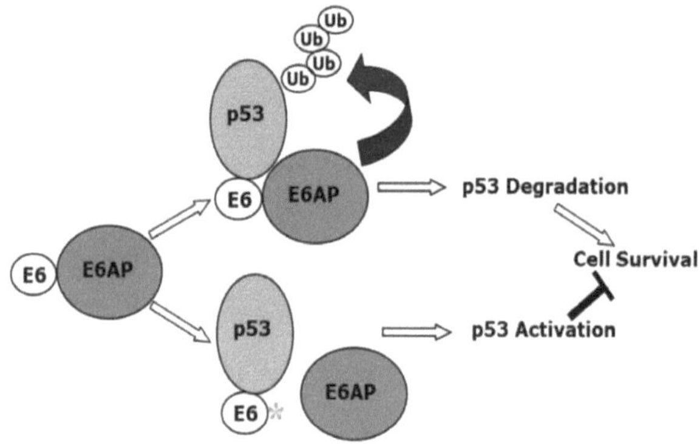

Figura 18: A E6, uma oncoproteína viral expressa em quase todos os cancros
HPV-positivos, medeia a degradação da proteína supressora de tumores p53, um
processo que requer um complexo ternário entre a E6, a proteína associada à E6
(E6AP) e a p53. Como resultado, a função indutora de apoptose da p53 é
inibida.

VII. DISCUSSÃO

De acordo com este estudo bibliográfico, foram identificados ou parcialmente caracterizados mais de 100 tipos de HPV humanos. Embora a maioria dos HPV seja responsável por doenças benignas da pele, numerosos estudos demonstraram o papel importante de certos tipos de papilomavírus humano (HPV) como prováveis agentes etiológicos na génese do cancro e dos seus precursores.

A integração do genoma viral leva à sobre-expressão das proteínas virais E6 e E7. Ao interferirem com proteínas celulares envolvidas no controlo do ciclo celular, como a proteína P53 e a proteína pRb, estas proteínas virais são parcialmente responsáveis pela transformação celular e pela evolução maligna. A indução do cancro do colo do útero pelo HPV de alto risco, por exemplo, requer a ação concertada de duas oncoproteínas virais, a E6 e a E7.

A oncoproteína E7 é em grande parte responsável por perturbar a progressão do ciclo celular, tendo como alvo, entre outros, a família pRb de supressores de tumores (Munger et al., 2001 para revisão).

Por sua vez, a oncoproteína E6 neutraliza a resposta celular a uma proliferação não programada, visando o p53 para degradação mediada pelo proteasoma (Thomas et al., 1999b). Em contrapartida, vários estudos demonstraram que a degradação da p53 pela E6 exige o recrutamento da ubiquitina ligase celular E6AP para o complexo, permitindo a poliubiquitinação da p53 e a sua subsequente degradação pelo proteassoma (Huibregtse et al., 1993; Scheffner et al., 1993). Embora a degradação da p53 seja uma parte essencial da função da E6, é também evidente que outras actividades da E6 são importantes para promover o desenvolvimento de tumores malignos (Nguyen et al., 2003). Além disso, os estudos de Liu Y, et all, (1999) mostraram que a carcinogénese depende principalmente da expressão de duas oncoproteínas virais, a E6 e a E7.

Foi demonstrado que a proteína E6 do HR-HPV conduz à degradação da p53 mediada pela ubiquitina através da interação direta com a E3 ubiquitina ligase celular, E6AP (5). A ação específica do E6 na p53 é funcionalmente equivalente à inativação da p53 por mutação, indicando que o complexo E6/p53 do HR-HPV representa um dos eventos mais importantes na carcinogénese cervical, dada a interrupção dos pontos de controlo do ciclo celular e a inibição da apoptose.

A degradação do p53 induzida pelo E6-AP é um efeito do HR-HPV e conduz à transformação maligna das células epiteliais. e inativação do p53. Um estudo publicado por Hoppe-Seyler et al em (2018) mostrou que o HPV transporta dois oncogenes, E6 e E7, que são sobre-expressos em cancros HPV-positivos e têm propriedades transformadoras e oncogénicas em cultura de tecidos e modelos animais.

Além disso, análises mutacionais mostraram que os genes E6 e E7 do HPV de alto risco são suficientes para imortalizar queratinócitos e fibroblastos humanos (de Sanjose et al., 2007). As oncoproteínas E6 e E7 do HPV16 e do HPV18 têm como alvo os supressores de tumores p53 e retinoblastoma (pRB), respetivamente, para degradação mediada por ubiquitina, e induzem a proliferação celular, a sobrevivência celular, a instabilidade do genoma e a evasão da imunidade inata (Dyson et al, 1989; Scheffner et al., 1990, 1993; Huibregtse et al., 1991, 1993).

As oncoproteínas E6 do HPV de alto risco, mas não as do HPV de baixo risco, interferem com a atividade transcricional da p53 e induzem a sua degradação. A proteína associada à E6 (E6AP), membro fundador da família HECT E3 ubiquitina ligase, demonstrou mediar a ligação entre a E6 e a p53 (Scheffner et al., 1990, 1993; Huibregtse et al., 1991, 1993).

O papel de E6AP na degradação de p53 mediada por E6 foi bem caracterizado in vitro e in vivo: E6, E6AP e p53 formam um complexo que dirige a atividade de ligase de E6AP para p53, desencadeando subsequentemente a degradação de p53 através do sistema intracelular de ubiquitina-proteassoma (Zanier et al.,

2012; Vande Pol e Klingelhutz, 2013; Martinez-Zapien et al., 2016). Embora o principal mecanismo da oncogénese mediada pela E6 seja exercido pela sua capacidade de suprimir os efeitos pró-apoptóticos da p53, estudos recentes demonstraram que a E6 se liga a várias proteínas celulares e induz a sua ubiquitinação e degradação de uma forma dependente da E6AP (White et al., 2012, Mesri et al., 2014).

CONCLUSÃO

o papilomavírus humano (HPV), cujo potencial oncogénico reside na expressão dos proto-oncogenes virais E6/E7. O potencial carcinogénico destas proteínas virais reside essencialmente na sua ação sobre os produtos dos genes supressores de tumores p53 e RB. Os produtos destes genes, p53 e RB, fazem parte das vias de sinalização da resposta celular aos danos no ADN (CDR) e a sua perda resulta numa perda de funcionalidade que conduz à instabilidade genómica. A longo prazo, e na presença de outros factores, estas alterações conduzem ao desenvolvimento do cancro. Os casos avançados destes cancros são tratados principalmente com radioterapia e quimioterapia concomitante. A quimio-radioterapia utilizada como tratamento é eficaz, mas provoca uma elevada taxa de morbilidade e um número significativo de doentes apresenta uma recidiva.

BIBLIOGRAFIA

1. Mansour C. Papilomavírus humano. In: Tyring S, ed. Mucocutaneous manifestations of viral diseases (Manifestações mucocutâneas de doenças virais). 2005.

2. de Villiers EM, Fauquet C, Broker TR, Bernard HU, zurHausen H. Classificação dos papilomavírus. Virologia 2004; 324: 17-27.

3. Ke Zhang1T11T, Zhanjun Liu, Ji Li Análise do estado de integração do vírus do papiloma humano tipo 52 em células cervicais esfoliadas Medicina Experimental e Terapêutica 2017;14:5817-5824

4. Parkin DM, Bray F. Capítulo 2: O peso dos cancros relacionados com o HPV. Vaccine. 21 de agosto
B2006 ;24, Suplemento 3:S11-S25.

5. Instituto Nacional do Cancro francês. Cancro do colo do útero em França: balanço de 2010,
Coleção Relatório e síntese. 2010 Jul.

6. Gavillon N, Vervaet H, Derniaux E, Terrosi P, Graesslin O, Quereux C.
Papilomavírus humano (HPV) - como é que o apanhei? Ginecologia

7 G.M. Clifford, R.K. Rana, S. Franceschi, J.S. Smith. Human Papillomavirusgenotype distribution in low-grade cervical lesions: comparison byregião geográfica e com cancro do colo do útero. Cancer Epidemiology Biomarkers andPrevention. maio de 2005;14(5):1157-1164.

8 Lorincz AT, Reid R, Jenson AB, GreenbergMD, Lancaster W, Kurman RJ. Humanpapillomavirus infection of the cervix: relative risk associations of 15 common anogenital types. Obstet Gynecol 1992; 79: 328-37.

9 Linzer D.I.H. and Levine A.J.; Characterization of a 54K Dalton cellular SV40 tumor antigen present in SV40- transformed cells and uninfected embryonal carcinoma cells; 1979 ; Cell ; Vol 17 ; 43-52.

10 Baker SJ, Fearon ER, Nigro JM, Hamilton SR, Preisinger AC, Jessup JM, vanTuinen P, Ledbetter DH, Barker DF, Nakamura Y, White R, e Vogelstein B; Chromosome 17 deletions and p53 gene mutations in colorectal carcinomas; 1989 ; Science 14;244(4901):217-21.

11 Beutner KR, Ferenczy A. Abordagens terapêuticas das verrugas genitais. Am J Med 1997; 10: 28-37.

12 HPV, displasia cervical e cancro do colo do útero

13 de Villiers EM, Fauquet C, Broker TR, Bernard HU, zurHausen H. Classificação dos papilomavírus. Virologia 2004; 324: 17-27.

14 Segondy M. Classificação dos papilomavírus (HPV). Revue francophone des laboratoires. 2008.

15 Bernard HU. A importância clínica da nomenclatura, evolução e taxonomia dos papilomavírus humanos. J Clin Virol 2005; 32 (Suppl 1): S1-6.

16 Berraho M, Obtel M, Bendahhou K, Zidouh A, Errihani H, Benider A, et al. Sociodemographicfactors and delay in the diagnosis of cervical cancer in Morocco. Pan Afr Med J. 2012 ; 12:14. PMID:22826738

17 Bouvard V, Baan R, Straif K, Grosse Y, Secretan B, El Ghissassi F, et al. A review of human carcinogens--Part B: biological agents. The Lancet Oncology. 2009;10(4):321- 2.

18 Komlos KF, Kocjan BJ, Kosorok P, Luzar B, Meglic L, Potocnik M, et al. Distribuição pré-vacinal específica do tumor e do género dos tipos de papilomavírus humano. 6 e 11 em verrugas anogenitais e papilomas laríngeos: um estudo em 574 amostras de tecido. Journal of medical virology. 2012;84(8):1233-41.

19 Seedat RY, Thukane M, Jansen AC, Rossouw I, Goedhals D, Burt FJ. Tipos de HPV que causam papilomatose laríngea recorrente juvenil na África do Sul. Revista internacional de otorrinolaringologia pediátrica. 2010;74(3):255-9.

20 Muñoz N, Castellsagué X, de González AB, Gissmann L. Capítulo 1: HPV na etiologia do cancro humano. Vaccine. 2006 Aug 31;24 Suppl 3:S3/1-10

21 Robert François Deteção de HPV de alto risco como uma alternativa para as mulheres não aderentes à citologia do cancro do colo do útero: um estudo piloto sobre a aceitabilidade e viabilidade da auto-amostragem vaginal e amostragem de urina. These phar 2016; Faculdade de Medicina e Farmácia da Universidade de Poitiers

22 https://disiciencia.files.wordpress.com/2012/02/papiloma.jpg?w=300

23 https://www.researchgate.net/profile/Thales_Fernandes/publication/22192258 8/figure/ fig1/AS:305268136136704@1449793003194/The-structure-of-HPV-Adapted-from- Swiss-Institute-of-Bioinformatics-Viral-Zone.png

24 **S.** Douvier, S. Dalac, 2004, Infecções por papilomavírus Encyclopédie Médico- Chirurgicale 8-054-A-10; p :2

25 J Bodily, LA Laimins. Trends Microbiol, 2011, 19: 33-39)

26 https://encryptedtbn0.gstatic.com/images?q=tbn:ANd9GcRslPwf0uKraI8nk5 ZPnpF3n m0W7bSJ_EFzb36S1JPeOp07DS8l

27 Tommasino M. A família do papilomavírus humano e o seu papel na carcinogénese. Semin Cancer Biol 2014;26:13-21.

28 S Beaudin, M Naspetti, e C Montixi, "Le papillomavirus humain : actualisation des connaissances".

29 C AJ Horvath et al, "Mechanisms of cell entry by human papillomaviruses: an overview", Virology Journal 7 (20 de janeiro de 2010): 11,

30 C AJ Horvath et al, "Mechanisms of cell entry by human papillomaviruses: an overview", Virology Journal 2010 : 7:11

31 "UCLOUVAIN FDP Virology, "Introduction to virology", acedido em 27 de dezembro de 2018, https://www.virologie-uclouvain.be/fr/chapitres/exemples-selected/papillomavirus

32 F Tessier, "Cours virologie pharmacie - Infecções por papilomavírus".

33 S Alain, S Hantz, e F Denis, "Papillomavirus: vírus e a fisiopatologia da infeção", mt paediatrics, vol 13, no 1 (janeiro-fevereiro 2012).

34 Direção-Geral da Saúde, Comité Técnico de Vacinação "Vaccination contre

les infections à Papillomavirus humains", Guia de Vacinação, edição de 2012: 149 - 159,

Disponível em:

https://solidaritessante.gouv.fr/IMG/pdf/Guide_des_vaccinations_editio n_2012.pdf

35 Ch Mougin et al, "Papillomavirus humains, cycle cellulaire et cancer du cerv de l'utérus", Journal de Gynécologie Obstétrique et Biologie de la Reproduction, vol 29, n°1 (fevereiro de 2000): 13 Disponível em: http://www.em-consulte.com/en/article/113912.

36 J Monsonego, "Papillomavirus infections: state of knowledge, practices and vaccine prevention" (2007).

37 A C de Freitas, E Campos Coimbra, e M da Conceição Gomes Leitão, "Molecular targets of HPV oncoproteins: Potenciais biomarcadores para a carcinogénese cervical", Biochimica et Biophysica Ata (BBA) - Reviews on Cancer 1845, n.º 2 (1 de abril de 2014): 91-103

38 K Münger et al, "Mechanisms of Human Papillomavirus-Induced Oncogenesis",
Journal of Virology 78, no 21 (novembro de 2004): 11451-11460

39 S Alain, S Hantz, e F Denis, "Papillomavirus: vírus e a fisiopatologia da infeção", Médecine thérapeutique / Pédiatrie 13, no 1 (1 de janeiro de 2010): 5-19

40 S Mas, "Oncogenesis and the viral life cycle", disponível em http://mas.stephanie.free.fr/cours_micro_gf/oncogenese.pdf.

41 Zambruno G. Epidermodysplasia verruciformis [Internet]. Orphanet; 2010. Disponível em: http://www.orpha.net/consor/cgi-bin/OC_Exp.php?Lng=FR&Expert=302

42 Cubie HA. Doenças associadas à infeção pelo papilomavírus humano. Virologia. 2013 Oct;445(1-2):21-34.

43 Mougin C, Nicolier M, Decrion-Barthod AZ. HPV e cancros: mecanismos

de oncogénese. Rev Francoph Lab. 2008

44 Quéreux C, Bory J-P, Graesslin O. Condiloma acuminado [Internet]. Collège Nationaldes Gynécologues et Obstétriciens Français; 2007. Disponível em: http://www.cngof.asso.fr/d_livres/2007_GM_027_quereux.pdf

45 Ancelle-Park R, Autran B, Baldauf. Grupo de trabalho sobre a vacinação contra o papilomavírus. Comité Técnico das Vacinas/Conseil Supérieur d'Hygiène Publique de France; 2007.

46 Parkin DM, Bray F, Ferlay J, Pisani P. Global cancer statistics, 2002. CA Cancer J Clin. 2005 Apr;55(2):74-108.

47 Coursaget P, Touzé A. Vaccines against papillomavirus. Virologie. 2006;10(5).

48 Winer RL, Lee S-K, Hughes JP, Adam DE, Kiviat NB, Koutsky LA. Genitalhuman papillomavirus infection: incidence and riskfactors in a cohort of femaleuniversitystudents. Am J Epidemiol. 2003 Feb 1;157(3):218-26.

49 Moscicki A-B. Impacto da infeção por HPV em populações adolescentes. J AdolescHealth Off Publ Soc Adolesc Med. 2005 Dec;37(6 Suppl):S3-9.

50 Burchell AN, Richardson H, Mahmud SM, Trottier H, Tellier PP, Hanley J, et al. Modeling the sexual transmissibilityof human papillomavirusinfectionusando uma simulação computacional estocástica e dados empíricos de um estudo de coorte de mulheres jovens em Montreal, Canadá. Am J Epidemiol. 2006 Mar 15;163(6):534-43.

51 Mougin C, Dalstein V. Epidemiologia, história natural e deteção de HPV. Bio Trib Mag. 2004;9(1).

52 Winer RL, Hughes JP, Feng Q, O'Reilly S, Kiviat NB, Holmes KK, et al. Condom use and the risk of genitalhuman papillomavirus infection in youngwomen. N Engl J Med. 22 de junho de 2006;354(25):2645-54.

53 Smith EM, Parker MA, Rubenstein LM, Haugen TH, Hamsikova E, Turek LP, et al. Evidence for Vertical Transmission of HPV fromMothers to Infants, Infect Dis ObstetGynecol. 14 de março de 2010.

54 Lee SM, Park JS, Norwitz ER, Koo JN, Oh IH, Park JW, et al. Risk of Vertical Transmission of Human Papillomavirus throughoutPregnancy: A Prospective Study. 8(6).

55 Schiffman M, Castle PE, Jeronimo J, Rodriguez AC, Wacholder S. Human papillomavirus and cervical cancer. Lancet LondEngl. 8 Sep 2007;370(9590):890-907.

56 Monsonego J. Infecções por papilomavírus. Estado do conhecimento, práticas e

prevenção de vacinas. Springer DL. 2006.

57 Clifford GM, Gallus S, Herrero R, Muñoz N, Snijders PJF, Vaccarella S, et al, Grupo de Estudo dos Inquéritos de Prevalência do HPV da IARC. Worldwide distribution of human papillomavirus types in cytologically normal women in the International Agency for Research on Cancer HPV prevalence surveys: a pooled analysis (Distribuição mundial dos tipos de papilomavírus humano em mulheres citologicamente normais nos inquéritos de prevalência do HPV da Agência Internacional de Investigação do Cancro: uma análise conjunta). Lancet Lond Engl. 2005 Sep 17;366(9490):991-8.

58 Burchell AN, Winer RL, de Sanjosé S, Franco EL. Capítulo 6: Epidemiologia e dinâmica de transmissão da infeção genital pelo HPV. Vaccine. 2006 Aug 31;24 Suppl 3:S3/52-61.

59 Dicionário Vidal. 91ª edição. Vidal; 2015.

60 Commission de la tranparence: parecer de 1 de fevereiro de 2012. Gardasil. Haute Autorité de Santé; 2012.

61 Commission de la tranparence: parecer de 1 de fevereiro de 2012. Cervarix. Haute Autorité de Santé; 2012.

62 Parecer sobre a revisão da idade de vacinação contra as infecções pelo papilomavírus humano para as raparigas. Haut Conseil de la santé publique; 2012 Sep.

63 Weston A. e Godbold J. H., Polymorphisms of H-ras-1 and p53 in Breast

Cancer and Lung Cancer: A Metaanalysis,1997, Environmental Health Perspectives Vol 105.

64 Fields S, Jang SK. 1990. Presença de uma sequência potente de ativação da transcrição na proteína p53. Ciência 249:1046-1049.

65 Dawson R, Muller L, Dehner A, Klein C, Kessler H, Buchner J. 2003. O domínio N-terminal do p53 é nativamente desdobrado. J Mol Biol 332:1131-1141.

66 Wu X, Bayle JH, Olson D, Levine AJ. 1993. The p53-mdm-2 autoregulatory feedback loop. Genes Dev 7:1126-1132.

67 Millau JF, Bastien N, Drouin R. 2009. Actividades transcricionais de P53: uma visão geral e algumas reflexões. Mutat Res 681:118-133.

68 Hainaut P, Hernandez T, Robinson A, Rodriguez-Tome P, Flores T, Hollstein M, Harris CC, Montesano R. 1998. Base de dados IARC de mutações do gene p53 em tumores humanos e linhas celulares: compilação actualizada, formatos revistos e novas ferramentas de visualização. Nucleic Acids Res 26:205-213.

69 Kraiss S, Quaiser A, Oren M, Montenarh M. 1988. Oligomerização da oncoproteína p53.
J Virol 62:4737-4744.

70 Vogelstein B, Lane D, Levine AJ, Surfing the p53 network, Nature 408, 307, 2000

71 Vousden KH, Lu X, Live or let die: the cell's response to p53, Nat Rev Cancer, 2002.

72 el-Deiry WS, Harper JW, O'Connor PM, Velculescu VE, Canman CE, Jackman J, et al (1994). WAF1/CIP1 é induzido na paragem de G1 e apoptose mediadas por p53. Cancer research 54(5): 1169-1174.

73 Zhan Q, Antinore MJ, Wang XW, Carrier F, Smith ML, Harris CC, et al (1999). Associação com Cdc2 e inibição da atividade cinase de Cdc2/Ciclina B1 pela proteína Gadd45 regulada por p53. Oncogene 18(18): 2892-2900.

74 Hermeking H, Lengauer C, Polyak K, He TC, Zhang L, Thiagalingam S, et al (1997). 14-3-3 sigma é um inibidor da progressão G2/M regulado por p53. Molecular cell 1(1): 3- 11.

75 Janicke RU, Sohn D, Schulze-Osthoff K. 2008. O lado negro de um supressor de tumores: p53 anti-apoptótico. Cell Death Differ 15:959-976.

76 Adimoolam S, Ford JM. 2002. p53 e expressão induzida por danos no ADN do gene do grupo C do xeroderma pigmentosum. Proc Natl Acad Sci U S A 99:12985-12990.

77 Smith ML, Ford JM, Hollander MC, Bortnick RA, Amundson SA, Seo YR, et al. (2000). Respostas de reparação do ADN mediadas por p53 à radiação UV: estudos de células de ratinho com falta dos genes p53, p21 e/ou gadd45. Molecular and cellular biology 20(10): 3705- 3714.

78 Seo YR, Fishel ML, Amundson S, Kelley MR, Smith ML. 2002. Implicação do p53 na reparação do ADN por excisão de bases: provas in vivo. Oncogene 21:731-737.

79 Linke SP, Sengupta S, Khabie N, Jeffries BA, Buchhop S, Miska S, et al. (2003). p53 interage com hRAD51 e hRAD54, e modula diretamente a recombinação homóloga. Cancer research 63(10): 2596-2605.

80 Ihrie RA, Reczek E, Horner JS, Khachatrian L, Sage J, Jacks T, et al (2003). Perp é um mediador da apoptose dependente de p53 em diversos tipos de células. Current biology : CB 13(22): 1985-1990.

81 Mayo LD, Donner DB (2002). A rede de supressores de tumor-oncoproteínas PTEN, Mdm2 e p53. Tendências em ciências bioquímicas 27(9): 462-467.

82 Bock FJ, Peintner L, Tanzer M, Manzl C, Villunger A (2012). Proteína induzida por P53 com um domínio de morte (PIDD): mestre de fantoches? Oncogene 31(45): 4733-4739.

83 Oliver TG, Meylan E, Chang GP, Xue W, Burke JR, Humpton TJ, et al (2011). A clivagem de Mdm2 mediada por caspase-2 cria um ciclo de feedback

positivo induzido por p53. Molecular cell 43(1): 57-71.

84 Kotsinas A, Aggarwal V, Tan EJ, Levy B, Gorgoulis VG (2012). PIG3: uma nova ligação entre o stress oxidativo e a resposta a danos no ADN no cancro. Cartas de cancro 327(1-2): 97-102.

85 MacLachlan TK, El-Deiry WS (2002). Apoptotic threshold is lowered by p53 transactivation of caspase-6. Actas da Academia Nacional de Ciências dos Estados Unidos da América 99(14): 9492-9497.

86 Mihara M, Erster S, Zaika A, Petrenko O, Chittenden T, Pancoska P, et al. (2003). p53 tem um papel apoptogénico direto na mitocôndria. Molecular cell 11(3): 577-590.

87 Chipuk JE, Kuwana T, Bouchier-Hayes L, Droin NM, Newmeyer DD, Schuler M, et al (2004). A ativação direta de Bax por p53 medeia a permeabilização da membrana mitocondrial e a apoptose. Science 303(5660): 1010-1014.

88 Kawauchi K, Araki K, Tobiume K, Tanaka N (2008). p53 regula o metabolismo da glucose através de uma via IKK-NF-kappaB e inibe a transformação celular. Nature cell biology 10(5): 611-618.

89 Schwartzenberg-Bar-Yoseph F, Armoni M, Karnieli E (2004). O supressor de tumores p53 regula negativamente a expressão dos genes dos transportadores de glucose GLUT1 e GLUT4. Investigação sobre o cancro 64(7): 2627-2633.

90 Bensaad K, Tsuruta A, Selak MA, Vidal MN, Nakano K, Bartrons R, et al (2006).TIGAR, a p53-inducible regulator of glycolysis and apoptosis. Cell 126(1): 107-120.

91 Corcoran CA, Huang Y, Sheikh MS (2006). A regulação das vias metabólicas geradoras de energia pelo p53. Cancer biology & therapy 5(12): 1610-1613.

92 Matoba S, Kang JG, Patino WD, Wragg A, Boehm M, Gavrilova O, et al. (2006). p53 regula a respiração mitocondrial. Science 312(5780): 1650-1653.

93 Hu W, Zhang C, Wu R, Sun Y, Levine A, Feng Z (2010). Glutaminase 2,

um novo gene alvo do p53 que regula o metabolismo energético e a função antioxidante. Actas da Academia Nacional de Ciências dos Estados Unidos da América 107(16): 7455-7460.

94 Zhang C, Lin M, Wu R, Wang X, Yang B, Levine AJ, et al. (2011a). Parkin, um gene alvo do p53, medeia o papel do p53 no metabolismo da glucose e no efeito Warburg. Actas da Academia Nacional de Ciências dos Estados Unidos da América 108(39): 16259-16264.

95 Contractor T, Harris CR (2012). p53 regula negativamente a transcrição da piruvato desidrogenase quinase Pdk2. Investigação sobre o cancro 72(2): 560-567.

96 Bourdon A, Minai L, Serre V, Jais JP, Sarzi E, Aubert S, et al (2007). A mutação de RRM2B, que codifica a ribonucleótido redutase controlada por p53 (p53R2), causa uma depleção grave do ADN mitocondrial. Nature genetics 39(6): 776-780

97 Vousden KH, Prives C (2009a). Blinded by the Light: The Growing Complexity of p53.Cell 137(3): 413-431.

98 98 Sen N, Satija YK, Das S (2012). p53 e metabolismo: jogador velho num novo jogo.Transcrição 3(3): 119-123.

99 Morselli E, Galluzzi L, Kepp O, Vicencio JM, Criollo A, Maiuri MC, et al (2009). Funções anti e pró-tumorais da autofagia. Biochimica et biophysica ata 1793(9): 1524-1532.

100 Maiuri MC, Galluzzi L, Morselli E, Kepp O, Malik SA, Kroemer G (2010). Regulação da autofagia por p53. Opinião atual em biologia celular 22(2): 181-185.

101 Vousden KH, Ryan KM (2009b). p53 e metabolismo. Nature reviews. Cancro 9(10): 691-700.

102 Teodoro JG, Evans SK, Green MR (2007). Inhibition of tumor angiogenesis by p53: a new role for the guardian of the genome. J Mol Med (Berl) 85(11): 1175-1186.

103 Mukhopadhyay D, Tsiokas L, Sukhatme VP (1995). Wild-type p53 and v-Src exert opposing influences on human vascular endothelial growth fator gene expression. Cancer research 55(24): 6161-6165.

104 Ravi R, Mookerjee B, Bhujwalla ZM, Sutter CH, Artemov D, Zeng Q, et al (2000). Regulação da angiogénese tumoral pela degradação induzida por p53 do fator induzível por hipoxia 1alfa. Genes & desenvolvimento 14(1): 34-44.

105 Hainaut P, Hollstein M. P53 and human cancer: the first ten thousand mutations. Adv Cancer Res 2000; 77: 81-137.

106 Cho Y, Gorina S, Jeffrey PD, Pavletich NP. Crystal structure of a p53 tumor suppressor-DNA complex: understanding tumorigenic mutations. Science 1994 ; 265 : 346-55.

107 Munger K, Scheffner M, Huibregtse JM, Howley PM. Interacções das oncoproteínas E6 e E7 do HPV com produtos de genes supressores de tumores. Cancer Surv 1992; 12: 197-217.

108 Oliner JD, Pietenpol JA, Thiagalingam S, et al. A oncoproteína MDM2 esconde o domínio de ativação do supressor de tumores 53. Nature 1993 ; 29 : 857-60.

109 Moll UM, Ostermeyer AG, Haladay R, et al. O sequestro citoplasmático da proteína p53 de tipo selvagem prejudica o ponto de controlo G1 após danos no ADN. Mol Cell Biol 1996; 3: 1126-37.

110 Dittmer D, Pati S, Zambetti G, et al. Mutações de ganho de função no p53. Nat Genet1993; 4: 42-6.

111 Lane, D.P. e Crawford, L.V. (1979) O antigénio T está ligado a uma proteína hospedeira em células transformadas em SV40. Nature, 278, 261-263.

112 Szekely, L., Selivanova, G., Magnusson, K.P., Klein, G. e Wiman, K.G. (1993) EBNA-5, um antigénio nuclear codificado pelo vírus Epstein-Barr, liga-se às proteínas retinoblastoma e p53. Proc Natl Acad Sci U S A, 90, 5455-5459.

113 Uittenbogaard, M.N., Giebler, H.A., Reisman, D. e Nyborg, J.K. (1995) Transcriptional repression of p53 by human T-cell leukemia virus type I Tax

protein. J Biol Chem, 270, 28503-28506.

114 Werness, B.A., Levine, A.J. e Howley, P.M. (1990) Association of human papillomavirus types 16 and 18 E6 proteins with p53. Science, 248, 76-79.

115 Donehower, L.A. e Bradley, A. (1993) The tumor suppressor p53. Biochim Biophys Ata, 1155, 181-205.

116 Huibregtse, J.M., Scheffner, M. e Howley, P.M. (1993) Clonagem e expressão do cDNA da E6-AP, uma proteína que medeia a interação da oncoproteína E6 do papilomavírus humano com a p53. Mol. Cell. Biol. 13, 775-784.

117 Patel, D., Huang, S.M., Baglia, L.A. e McCance, D.J. (1999) A proteína E6 do papilomavírus humano tipo 16 liga-se e inibe a co-ativação por CBP e p300. EMBO J., 18, 5061-5072.

yes I want morebooks!

Buy your books fast and straightforward online - at one of world's fastest growing online book stores! Environmentally sound due to Print-on-Demand technologies.

Buy your books online at
www.morebooks.shop

Compre os seus livros mais rápido e diretamente na internet, em uma das livrarias on-line com o maior crescimento no mundo! Produção que protege o meio ambiente através das tecnologias de impressão sob demanda.

Compre os seus livros on-line em
www.morebooks.shop

info@omniscriptum.com
www.omniscriptum.com